普通高等学校教材

电工学实践教程

主　编　马永轩

副主编　张景异　陈　勇　吴东升

　　　　盖勇刚　马　东

东北大学出版社
·沈阳·

图书在版编目（CIP）数据

电工学实践教程 / 马永轩主编. — 沈阳 ： 东北大
学出版社，2022.10（2025.3重印）
  ISBN 978-7-5517-3174-4

Ⅰ．①电… Ⅱ．①马… Ⅲ．①电工学—实验—高等学
校—教材 Ⅳ．①TM1-33

中国版本图书馆 CIP 数据核字（2022）第 198909 号

出 版 者：东北大学出版社
  地址：沈阳市和平区文化路三号巷 11 号
  邮编：110819
  电话：024-83687331（市场部） 83680267（社务室）
  传真：024-83680180（市场部） 83680265（社务室）
  网址：http://www.neupress.com
  E-mail: neuph @ neupress.com
印 刷 者：辽宁一诺广告印务有限公司
发 行 者：新华书店总店北京发行所
幅面尺寸：185 mm×260 mm
印　张：8.25
字　数：213 千字
出版时间：2022 年 10 月第 1 版
印刷时间：2025 年 1 月第 3 次印刷
责任编辑：刘宗玉
封面设计：潘正一
责任校对：张德喜
责任出版：唐敏智

ISBN 978-7-5517-3174-4　　　　　　　　定　　价：21.50 元

前　言

　　电工学实验是普通高等工科院校电类及非电类专业本科学生必修的一门实践性很强的专业基础课程，是培养学生创新精神和实践能力的重要实践教学环节。为此，我们在多年教学与改革的基础上，根据最新教学大纲重新编写了本课程教材《电工学实践教程》。本书力求与时俱进，不断更新实验仪器设备和教学内容，按照"新工科"的理念和要求，设置符合当今社会需求的实验项目，改进并丰富了实验内容，增加了综合型、设计型和创新型实验，努力使电工学理论与实践有机结合，学以致用，以满足普通工科院校非电类专业对"电工学"课程实验的要求，更有利于培养学生的技术应用能力和工程实践能力。

　　在本书中，基础型实验的主要任务是，通过实验进一步地加深对理论知识的巩固和理解，训练学生掌握常用电工、电子仪器和仪表的正确使用方法与基本实验技能。综合型、设计型、创新型实验力求从设计、分析到安装调试电路的全过程训练学生的分析问题和解决问题的能力，使学生在实验动手的过程中，通过实验现象及数据的变化，进一步地提高技术应用能力。学生也可以在本书内容的基础上，举一反三，自拟实验项目，确定实验方案、分析实验原理、明确实验步骤、进行安装调试、排除故障、撰写实验报告。通过该类实验，使学生广开思路、增长知识、激发兴趣。

　　本书由马永轩担任主编，张景昇、陈勇、吴东升、盖勇刚、马东担任副主编，参加编写的还有马凤兰、吴英妮、胡景艳等。本书在编写过程中，参考了有关电工技术、电子技术方面的资料、教材和杂志，同时得到了同行和兄弟院校同人的大力帮助与支持，在此谨向帮助与支持编写、出版本书的有关单位和同志以及资料、论文、教材的作者致以诚挚的谢意。

　　限于编者水平，加之时间仓促，本书中错误或不妥之处在所难免，诚请读者批评指正。

编　者

2022 年 3 月

目　录

1 实验基础知识

1.1 本课程的性质、任务和基本要求

（1）本课程的性质与任务

电工学实验是普通高等工科院校非电类专业学生必修的一门实践性专业基础课程；是培养动手能力的重要实践教学环节。通过实验不仅能加深对理论知识的巩固和理解，而且能让学生掌握常用电工仪器及仪表的使用方法与实验技能，并通过设计、安装、调试和对实验现象及数据的分析等环节，达到提高工程实践能力的目的。

电工学实验，对学生实验技能的培养既是初步的，也是基本的。它所研究的对象比较简单且理想化，涉及范围和深度有限，即所谓初步。所谓基本，是指在实验全过程中，都将遇到实验原理、实验方法；实验电路设计及电路连接、排除故障等实验技巧；常用元件、仪表、仪器的使用和选择；数据的采集、处理，各种现象的观察、分析等环节和问题。通过这些最基本环节的训练，逐步积累经验，达到扩展、巩固、深化理论知识，培养严谨的、实事求是的科学态度和严肃认真的工作作风，增长综合能力的目的。以上正是工程技术人员进行科学实验所需要的基本素质。

普通高等学校现在非常重视应用型人才的培养，其毕业生主要工作在工厂、企业、研究部门的生产、科研第一线。毕业生走上工作岗位后，首先遇到的多数属于基本实验技能问题。而且，与国外同类院校的毕业生相比，我们培养的学生的基本实验技能较差。当然，这个问题可以在工作实践中再学，不过要付出代价，对事业的发展和个人的快速成长都有影响。因此，师生应共同努力，加强基本技能的训练，不要把在学校里应该并且可以解决的问题带到社会上去。

古今中外，凡有作为的科学家、发明家，无不酷爱实验。他们在实验室里长期地进行着重复、枯燥、艰苦而又充满生机和乐趣的工作。正因为如此，他们发现了新规律，创造了新成果，写出了新篇章。

综上所述，要突出应用型人才培养的特色，加强学生基本实验技能的训练既是必要的，也是非常重要的，要把培养目标落实到每个具体实验环节中去。通过反复实践，培养学生的动手能力，提高实际操作水平，巩固、深化理论，扩大知识面，为今后的学习和工作打下良好的基础。

（2）本课程的基本要求

① 实验仪器与仪表。作为普通高等学校的学生,应能正确地使用电压表、电流表、功率表和万用表;会使用一些常用的电工设备;学会使用一些常用的电子仪器、仪表及电子设备,如普通示波器、稳压电源、交流毫伏表和函数信号发生器等。

② 测试方法。熟练掌握电压、电流的测量;信号波形的观察方法;电阻、电容、电感元件参数和电压、电流特性的测量,功率的测量,放大倍数的测量等。

③ 实验操作。能正确地布置和连接实验电路,认真观察实验现象和正确读取数据,并有初步设计分析、安装、调试能力;能初步分析和排除实验故障,要有实事求是的科学态度。

④ 实验报告。能写出合乎规格的实验报告,能正确地绘制实验所需图表,对实验结果能进行初步的分析、解释和处理,并根据实验数据得出正确的实验结论。

1.2 实验操作基本原则

实验操作的基本原则,是为学生在接受实验任务后,如何着手进行工作而提供的一些基本原则和方法。灵活地运用和掌握这些基本原则,将有利于实验顺利进行和人身、仪器设备的安全。

（1）了解实验对象,明确实验目的与要求

① 实验对象。它既可以是某一元件、某一电路、某一系统,也可以是装置、仪器等。这里主要了解它们的总体结构、具体组成、工作条件、性能和参数。

② 实验目的与要求。做任何一项实验都有目的与要求。电工学实验按照其内容和性质可以分为验证型、设计型和综合型三类。验证型实验相当于给出了标准答案的练习,它有利于学生运用已有理论知识和技能去发现、分析与处理问题,开阔思路,而不在于验证的结果。在一些设计型和综合型实验研究中,正因为不符合"标准答案",才会发现新问题,获得新突破。因此,不能以为实验简单、易做而轻视。

（2）实验方法

在进行实验前,应根据实验对象、目的与要求,提出一个或几个较为周密的实施方案（计划）。方案的内容应包括理论根据、实验电路、测试方法、测试设备、具体实验步骤、实验表格、可能出现问题的估计和采取哪种技术措施等。

（3）实验电路的连接与检查

① 连接原则。电路连接要以便于操作、调整和读取数据,连接简单、方便,用线少而短,连接头不过于集中,整齐美观为原则。

② 连接顺序。按照电路图,应先串后并,同时考虑元件、仪器仪表的同名端、极性和

公共参考点等与电路图设定的方位一致。最后连接电源端。

③ 检查。通常，检查的方法一般是从电路的某一点开始，循环全电路至起始点上，进行图、物对照，以图校物。

（4）实验操作与读取数据

① 预操作（也称试做）。是指首先接通电源、输入量由零开始，在实验要求范围内，快速、连续地调节各参量，观察实验全过程；然后将输入量回零。

② 操作与读取数据。操作是为了获得实验所需数据（包括现象、图形等），而获得的数据是否合理、准确和可靠，与操作和读数有很大的关系。在一个实验中，应该选取哪些数据、数据取值在什么范围为合理，主要在预习、设计实验数据表格和预操作中考虑并解决。这里只说明操作与读数的配合问题。配合不好，将会带来很大的附加误差和分散性，降低实验精度，增加处理数据时间。例如，有些实验要求操作与读数可以快一些（线性电路，高电压，大电流）；有些实验要求操作与读数慢一些（非线性电路，频率特性）；有些实验要求操作与读数同时进行（用秒表测定电容器放电曲线）；有的实验在反复操作（调节）中读数（测峰值、谷值，观察波形）；还有些实验在操作停止后，同时读取一组数（各种参数测量，基尔霍夫定律，叠加定理等）。

③ 数据（包括现象、波形）的判断。数据判断的依据是应达到实验目的与要求，并符合基本原理、基本规律或给出的参考标准。

（5）拆除实验线路、整理实验现场

拆除实验线路时，应首先将各输入量回零，然后切断电源，稍停后，确认电路不带电时，从电源端先拆。

整理实验现场，即指每项实验结束后，除了把线路拆掉放好外，还要把实验所用仪器仪表等设备和其他用品摆放整齐。

（6）实验故障检测

实验中出现各种故障是难免的，有时希望出现故障（人为设置）。学生通过对电路简单故障的分析、具体诊断和排除，逐步提高分析和解决问题的能力。在实验电路中，常见的故障多属于开路、短路或介于两者之间三种类型。

① 及时发现故障。从预操作起至拆除线路止，学生必须集中精力，头脑清醒。充分运用感觉器官，通过仪器和仪表显示状况、气味、声响等异常反应，及早发现故障。一旦发现故障或异常现象，应立即切断电源，保护现场，等待处理。禁止在不明原因的情况下，胡乱采取处理措施。

② 故障原因分析。常见故障大致有以下原因：

第一，实验线路连接有错误或实验者不熟悉实验供电系统设施；

第二，元器件、仪器仪表、实验装置等使用条件不符或初始状态值给定不当；

第三，电源、实验电路、测试仪器仪表之间公共参考点连接错误或参考点位置选择不当；

第四，布局不合理，电路内部产生干扰；

第五，周围有强电设备，产生电磁干扰；

第六，接触不良或连接导线损坏。

③ 故障检测方法。一般首先根据故障类型，确定部位，缩小范围；然后在小范围内逐点检查；最后找出故障，并予以排除。

检测顺序：首先，检查电路连接有无错误；其次，检查电源供电系统，从电源进线、熔断器、开关至电路输入端子，由后向前检查各部分有无电压，是否符合标准；再次，主、副电路中元件、仪器仪表、开关及连接导线是否完好和接触良好；最后，是仪器部分，检查供电电源、输入输出调节、显示及探头、接地点等有无问题。

（7）元件、仪器仪表选择问题

① 根据实验目的与要求或被测量元件的性质，选择元件、仪器仪表的类型。

② 参数值的范围或被测量量程的选择。

③ 根据实验电路或被测对象的阻抗大小，选定电源设备输出阻抗，测试仪表内阻。

④ 根据实验要求精度，选择准确度等级。

（8）数据处理与曲线绘制

这是实验结束后进行的一项重要工作，这项工作进行得是否顺利、是否完善，与实验的预习、实验中的操作、结束时数据的判断有着极大的关系。

① 数据处理。是将实验中获得的数据，通过运算、分析后进行处理，得出结论，而不是根据需要的结论去处理数据。

② 绘制曲线。实验曲线是以图形的形式，更直观地表达实验结果和规律的语言。它既是实验的珍贵结果，也是实验者科学、艺术素质的反映。

1.3 安全用电的基本常识

触电主要是指电流流经人体，使人体机能受到损害。当人体直接或通过导电介质接触到带电体后，会有电流流过人体，从而引起的皮肤、肌肉甚至心脏等组织损伤和功能障碍。触电后，人体会感觉到刺痛、麻痹、肌肉抽搐，打击感，严重时会发生昏迷、心律不齐、窒息，甚至发生心跳和呼吸骤停，造成死亡的严重后果。

由于不慎触及带电体，产生触电事故，使人体受到各种不同的伤害，根据伤害性质可分为电击和电伤两种。

① 电击是指电流流过人体，使内部器官组织受到伤害。如果受害者不能迅速地摆脱带电体，那么最后会造成伤亡事故。

② 电伤是指在电弧作用下，对人体外部的伤害，如烧伤等。

（1）触电的形式

触电的形式大致分为三种：单相触电、两相触电、跨步电压触电。

① 单相触电。当人体某一部位接触到带电体中的某一根火线，电流通过人体流入大地，形成回路，造成人体触电。

② 两相触电。当人体的两个不同部位同时接触到带电体的两根火线，电流从其中一根火线经过人体流经另一根火线时，从而形成闭合回路，造成的人体触电。

③ 跨步电压触电。当带电体的火线发生接地故障时，电流将经过接地体流向大地，以接地体为圆心，形成圆形电场，从接地点向外，电位逐渐降低。距离接地故障点 20 m 以外的电位基本为零，不会发生触电危险。如果此时在距离接地点 20 m 以内的范围行走，其两脚间（以 0.75 m 为计）将呈现出电位差，此电位差称为跨步电压。

电流从距离接地故障点最近的一只脚，经过身体流经另一只脚，并与大地形成回路，造成跨步电压触电，可以采用像兔子一样双脚同时跳跃的方式脱离事故现场，人在此时千万要保持平稳，不能跌倒。

（2）电流对人体的作用

根据大量的触电事故资料的分析和实验，证实电击所引起的伤害程度与下列各种因素有关。

① 人体电阻的大小。人体的电阻越大，通入的电流越小，伤害程度也就越轻。根据研究结果，当人体的皮肤有完好的角质外层并且很干燥时，人体电阻为 2~100 kΩ。当角质外层破坏时，降到 800~1000 Ω。此外，人体电阻与性别、年龄、环境、气温、情绪、皮肤潮湿出汗、带有导电性粉尘、加大与带电体的接触面积和压力以及衣服、鞋、袜的潮湿油污等诸多因素有关。

② 电流的大小（人体对电流的反应）：

•人体对流经肌体的电流所产生的感觉，随着电流大小的不同而有差异，伤害程度也不同。

•能引起人感觉到的最小电流值称为感知电流，人体对交流电的感知电流为 1 mA，对直流电的感知电流为 5 mA。此时人体就会有麻、刺、痛的感觉。

•人触电后能自己摆脱的最大电流称为摆脱电流，交流为 10 mA，直流为 50 mA。此时人体会产生麻痹、痉挛、刺痛，血压升高，呼吸困难。

•在较短的时间内危及生命的电流称为致命电流，交流电的致命电流为 30~50 mA，直流电为 80 mA。此时呼吸困难，心房开始震颤，自己不能摆脱电源，有生命危险。

③ 电流通过时间的长短。电流通过人体的时间越长，电流作用于角质外层使人体电阻变得越小，则伤害越严重。人的心脏每收缩扩张一次有 0.1 s 的间歇，而在这 0.1 s 内，心脏对电流最敏感，若电流在这一瞬间通过心脏，即使电流较小，也会引起心脏颤动，造成危

险。因此，额定电流 30 mA 的漏电保护器或保护开关，断电时间必须在 0.1 s 以内。

（3）安全电压

通常，流经人体电流的大小是无法事先计算出来的。因此，为确定安全用电，往往不采用安全电流，而采用安全电压来进行估算。

安全电压是指操作带电设备人员在未有任何防护的情况下，不会发生触电危险的电压。当通过人体的电流在 30 mA 以上时，就有生命危险。一般来说，接触 36 V 以下的电压时，通过人体的电流不超过 30 mA，故把 36 V 的电压作为安全电压。当然，这也不是绝对的，如果在潮湿的场所，安全电压还要规定得低一些，通常是 24 V；如果在更恶劣的条件下，规定为 12 V。

此外，电击以后的伤害程度还与电流通过人体的路径以有关。触电时，电流从左手流入从脚流出时，由于电流流经心脏，此时伤害程度最严重。

（4）用电最基本的操作规程（平时要注意的几个问题）

① 不能用身体或导电体去直接触碰任何裸露的带电部位。

② 连接、改接或拆除电路都必须是在断开电源的情况下进行。

③ 发生用电事故时，首先必须立即切断电源。（如实验中发现异常声音、异常气味、冒烟、起火等，立即切断电源。检查并排除故障后，再继续实验。）

④ 因用电起火时，不要用水去灭火，要用 CO_2 灭火器或沙子去灭火。有电线断落在地上，不要靠近。如果是高压线，要保持 20 m 距离。

⑤ 一旦发生触电事故，不要直接触碰触电者，必须立即切断电源。

2 电工技术实验

2.1 电工仪器仪表使用及电路参数测量

【实验目的】

① 了解 SYLG-1 型电工与电子技术实验装置的组成、使用方法。
② 掌握可调直流电源和数字万用表的使用方法。
③ 通过本次实验，能够快速、准确地读取所测量的参数值。

【实验原理简介】

（1）万用表

万用表是一种多用途、多量程的电工仪表，它可以用来测量直流电流、直流电压、直流电阻（有的万用表还可以测量交流电流、晶体管电流放大系数和电容）等。由于它的测量范围广、使用方便，所以，在电工与电子线路的安装、调试及检修工作中，得到广泛的应用。本实验使用的是数字万用表 FLUKE15B，其使用方法见附 1.1 节中内容。

（2）SYLG-1 型电工与电子技术实验装置

SYLG-1 型电工与电子技术实验装置为三相五线制配电，内配 1.5 kW 三相隔离变压器一个、1.5 kW 三相调压器一个。三相交流电源通过自动空气开关和漏电保护器进入实验装置，用钥匙开关和启动、停止按钮对三相交流电源进行启动和停止的控制。实验装置提供三相 0~450 V、3 A 连续可调的交流电源，同时可提供 0~250 V、3 A 可调电源，配有 3 个指针式交流电压表，通过开关切换，可指示三相电网电压和可调三相调压器的输出电压，并配有带指示灯的熔断器来指示熔断器的工作状态。另外，还配有三相四线制电网电压 380 V 输出端和三相四线制可调三相电压 0~450 V 输出端。实验装置在交直流短路、过载及漏电等现象发生时，会发出声音报警信号并切断电源，确保人身及设备安全。

实验装置由主控制屏及各种模块箱组成。它可以完成直流电路实验、交流电路实验、电动机控制实验、PLC 控制实验、模拟电子技术实验和数字电子技术实验等。SYLG-1 型电工与电子技术实验装置的相关内容详见附 1.4 节中的内容。

（3）直流电压、直流电流的测量

测量直流电压时，应将直流电压表的正极与被测电压参考方向的正极相接、直流电压表的负极与被测电压参考方向的负极相接。若读数为正值，说明参考方向与实际方向一致；若读数为负值，说明参考方向与实际方向相反。测量直流电流时，应根据被测电流的参考方向，按照电流从直流电流表的正极流入、从负极流出的原则，将电流表串联在电路中。按照以上方法接入电流表后，若读数为正值，说明被测电流的参考方向与实际方向一致；若读数为负值，说明被测电流的参考方向与实际方向相反。

电工学实验的作用及实验原则等详见第 1 章中内容。

【实验器材】

① 电工技术实验箱　　　　　　　　　1 个
② 可调直流稳压电源　　　　　　　　1 个
③ 直流电流表　　　　　　　　　　　1 个
④ 数字万用表　　　　　　　　　　　1 个

【注意事项】

① 直流电压源的输出端不能短路，否则将损坏直流稳压电源。

② 用万用表测量电阻时，必须把电阻与电路断开。

③ 用万用表测量直流电压时，要注意正、负极性（红表笔接参考方向的正极，黑表笔接参考方向的负极）。

④ 实验线路接好后，要认真检查，确定无误后，再接通电源，且在操作过程中，注意人身及设备的安全。

【实验内容及步骤】

① 用万用表的电阻挡测量图 2.1.1 电路中几个电阻的参数（测量时，要将电阻从电路中断开），将测量结果记录在预习报告的表 2.1.1 中，并计算误差（误差=平均测量值-标称值）。

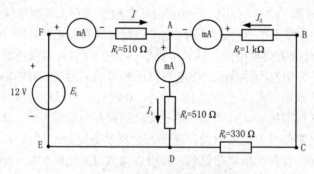

图 2.1.1　实验电路

② 调节直流稳压电源，使之输出 12 V，按照图 2.1.1 连接电路。

③ 在图 2.1.1 电路中，用万用表的直流电压挡（或直流电压表）按照表 2.1.2 中的要求测量电压，将测量结果记录在预习报告的表 2.1.2 中。

④ 将直流电流表按照图 2.1.1 的参考方向接入电路，读取各电流数值，将各电流数值记录在预习报告的表 2.1.2 中。

⑤ 计算表 2.1.2 中测量的各电压和电流的平均值。

预 习 报 告

班级学号：　　　　　　姓名：　　　　　　日期：20　年　月　日

一、实验项目： 电工仪器仪表使用及电路参数测量

二、实验目的：

① 了解 SYLG-1 型＿＿＿＿＿＿＿＿＿＿＿＿＿＿＿＿＿＿的组成、使用方法及安全用电

常识

② 掌握＿＿＿＿＿＿＿＿＿＿＿＿＿＿＿＿＿＿＿的使用方法。

③ 通过本次实验，＿＿＿＿＿＿＿、＿＿＿＿＿＿＿＿读取所测量的参数值。

三、注意事项：

＿＿＿＿＿＿＿＿＿＿＿＿＿＿＿＿＿＿＿＿＿＿＿＿＿＿＿＿＿＿＿＿＿＿＿＿＿

＿＿＿＿＿＿＿＿＿＿＿＿＿＿＿＿＿＿＿＿＿＿＿＿＿＿＿＿＿＿＿＿＿＿＿＿＿

＿＿＿＿＿＿＿＿＿＿＿＿＿＿＿＿＿＿＿＿＿＿＿＿＿＿＿＿＿＿＿＿＿＿＿＿＿

＿＿＿＿＿＿＿＿＿＿＿＿＿＿＿＿＿＿＿＿＿＿＿＿＿＿＿＿＿＿＿＿＿＿＿＿＿

＿＿＿＿＿＿＿＿＿＿＿＿＿＿＿＿＿＿＿＿＿＿＿＿＿＿＿＿＿＿＿＿＿＿＿＿＿

四、预习内容（原理概述）：

①＿＿＿＿＿＿＿是一种＿＿＿＿＿＿＿＿＿＿＿＿＿＿＿＿＿＿，它可以用来

测量＿＿＿＿＿＿＿、直流电压、＿＿＿＿＿＿＿等。

②SYLG-1 型＿＿＿＿＿＿＿＿＿＿＿＿＿＿＿＿＿＿＿＿＿＿＿配电，该实验

装置由＿＿＿＿＿＿＿及各种模块箱组成。它可以完成＿＿＿＿＿＿＿实验、＿＿＿＿＿

实验、＿＿＿＿＿＿＿实验、＿＿＿＿＿＿＿＿实验、＿＿＿＿＿＿＿＿实验

和＿＿＿＿＿＿＿＿实验等。

③直流电压、直流电流的测量：应将直流电压表的＿＿＿＿＿＿＿＿＿＿＿＿

＿＿＿＿＿＿相接、直流电压表的＿＿＿＿＿＿＿＿＿＿＿＿＿＿＿＿＿相接。测

量＿＿＿＿＿＿时，按照电流的＿＿＿＿＿＿＿，将＿＿＿＿＿＿＿＿＿＿＿中。

五、实验电路图：

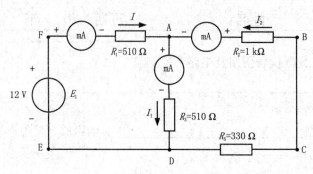

图 2.1.1　实验电路

六、实验数据：

表 2.1.1　　　　　　　电阻的测量　　　　　　单位：Ω

电阻	R_1	R_2	R_3	R_5
标称值	510	1000	510	330
第一次测量				
第二次测量				
平均测量值				
误　差				

注：误差=平均测量值-标称值。

表 2.1.2　　　　　　电压与电流的测量

测量项目	电 压 测 量 值/V							电流测量值/mA		
	U_{FA}	U_{AB}	U_{BC}	U_{CD}	U_{DE}	U_{EF}	U_{AD}	I	I_1	I_2
第一次测量										
第二次测量										
平均测量值										

2.2 基尔霍夫定律的研究

【实验目的】

① 验证基尔霍夫电压定律及电流定律。
② 加深对参考方向的理解。
③ 加深电压与电位相互关系及电位相对性的理解。
④ 学习并掌握多支路电路的连接与布局的技巧。

【实验原理简介】

（1）实验概述

基尔霍夫定律是电路中电流和电压分别遵循的基本规律。基尔霍夫电流定律应用于节点，电压定律应用于回路。

电流与电压的参考方向。参考方向是为了分析计算电路方便而人为设定的。在实验中，根据设定的各支路电流与回路电压的参考方向，按照电流从电流表正极流入的原则，将电流表串入各支路。若电流表的读数为正值，则表明参考方向与实际方向一致；若电流表的读数为负值，则表明参考方向与实际方向相反。同理，测量回路各部分电压时，应将直流电压表的正极与被测量参考方向的正极相接，若电压表的读数为正值，则表明参考方向与实际方向一致；若电压表的读数为负值，则表明参考方向与实际方向相反。

（2）实验原理

① 基尔霍夫电流定律(KCL)。在电路中，对于任何一个节点来说，所有支路的电流代数和恒等于零。也可以说，在任一瞬间，流入某一节点电流之和恒等于由该节点流出的电流之和。

② 基尔霍夫电压定律(KVL)。在任何一个闭合回路中，从任何一点以顺时针或逆时针方向沿回路循行一周，所有支路或元件上电压的代数和恒等于零。

③ 在电路中任选一个电位参考点，或者叫作零电位点，电路中某一点到参考点的电压叫作这一点的电位。

④ 电位参考点选择不同，电路中各点电位也相应变化，但电路中任意两点间的电压始终不变，即电位是相对参考点而言的，参考点不同，各点电位也不相同，而任意两点间的电位差（即电压）与参考点的选择无关。

【实验器材】

① 电工基础实验箱　　　　　　　　1个
② 双路可调直流稳压电源　　　　　1个
③ 直流电流表　　　　　　　　　　1个

④ 数字万用表　　　　　　　　　1 个

【注意事项】

① 直流电压源的输出端不能短路；否则，将损坏直流电源。

② 测量直流电压时，要注意正、负极性（红表笔接参考方向的正极，黑表笔接参考方向的负极）。

③ 为了减小测量误差，直流电源 E_1，E_2 的数值要以万用表（或电压表）测量的数值为准。测量时，要等表显示的数值稳定后，再记录数据。

【实验内容及步骤】

（1）基尔霍夫电流定律（KCL）的验证

① 调节双路直流稳压电源，使之输出的电压分别为 12V 和 8V。

② 按照图 2.2.1 及给定电路参数连接电路，并设定各支路电流参考方向，如图 2.2.1 所示。

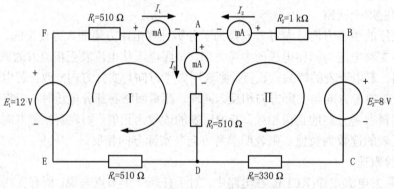

图 2.2.1　实验电路图

③ 按照设定的电流参考方向接入直流电流表（按照电流从直流电流表的正极流入、从负极流出的原则），测出各支路电流 I_1，I_2，I_3，并将测量结果记入预习报告的表 2.2.1 中，验证节点 A 的 KCL 定律。

（2）基尔霍夫电压定律（KVL）的验证

① 在图 2.2.1 中，首先设定回路的绕行方向。

② 用万用表的直流电压挡分别测量各元件上的电压（注意参考方向），并将所测的数据记入预习报告的表 2.2.2 中，验证回路Ⅰ和回路Ⅱ的 KVL 定律。

（3）电位的测量

测量电路中各点的电位时，首先在图 2.2.1 的电路中选定参考点，然后将万用表的黑表笔接到选定的参考点上，红表笔分别与电路中的其他各点相接，即可测出其他各点的电位。将所测的数据记录在预习报告的表 2.2.3 中。通过计算验证电路中任意两点间电压与参考点的选择无关。

预 习 报 告

班级学号：　　　　　　**姓名：**　　　　　**日期：20　年　月　日**

一、实验项目： 基尔霍夫定律的研究

二、实验目的：

① 验证＿＿＿＿＿＿＿＿＿＿＿＿＿＿＿＿＿＿＿＿。

② 加深对＿＿＿＿＿＿＿＿＿＿＿＿＿＿的理解。

③ 加深＿＿＿＿＿＿＿＿＿＿＿＿＿＿＿＿＿＿＿＿的理解。

④ 学习并掌握＿＿＿＿＿＿＿＿＿＿＿＿＿＿与布局的技巧。

三、注意事项：

＿＿＿＿＿＿＿＿＿＿＿＿＿＿＿＿＿＿＿＿＿＿＿＿＿＿＿＿＿

＿＿＿＿＿＿＿＿＿＿＿＿＿＿＿＿＿＿＿＿＿＿＿＿＿＿＿＿＿

＿＿＿＿＿＿＿＿＿＿＿＿＿＿＿＿＿＿＿＿＿＿＿＿＿＿＿＿＿

＿＿＿＿＿＿＿＿＿＿＿＿＿＿＿＿＿＿＿＿＿＿＿＿＿＿＿＿＿

＿＿＿＿＿＿＿＿＿＿＿＿＿＿＿＿＿＿＿＿＿＿＿＿＿＿＿＿＿

四、预习内容（原理概述）：

① 基尔霍夫电流定律（KCL）。在电路中，＿＿＿＿＿＿＿＿＿＿＿＿，所有支路的＿＿＿＿＿＿＿＿＿＿＿＿＿。也可以说，＿＿＿＿＿＿＿＿之和＿＿＿＿＿＿＿＿＿＿＿＿＿＿＿＿＿＿＿＿＿＿＿＿。

② 基尔霍夫电压定律（KVL）。在＿＿＿＿＿＿＿＿＿＿＿＿＿中，从任何一点以＿＿＿＿＿＿＿＿＿＿＿＿＿＿＿＿＿＿＿一周，所有＿＿＿＿＿＿＿＿＿＿＿＿＿＿＿＿＿＿＿＿。

③ 在电路中任选一个＿＿＿＿＿＿＿＿＿＿＿＿＿＿＿，或者＿＿＿＿＿，＿＿＿＿＿＿＿＿＿＿＿＿＿＿＿＿＿＿电位。

④ ＿＿＿＿＿＿＿＿＿＿＿＿选择不同，＿＿＿＿＿＿＿＿＿＿＿＿，但电路中＿＿＿＿＿＿＿＿＿＿＿＿＿＿＿不变，＿＿＿＿＿＿＿＿＿＿＿＿＿＿＿＿＿＿＿＿无关。

五、实验电路图：

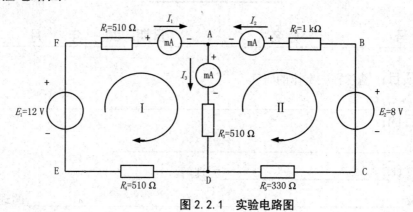

图 2.2.1 实验电路图

六、实验数据：

表 2.2.1   验证节点 A 的 KCL 定律数据测量表   单位：mA

测量项目	I_1	I_2	I_3	验证结果 $I_1+I_2-I_3=$
测 量 值				
理论计算值				
误 差				

表 2.2.2   验证 KVL 定律数据测量表   单位：V

测量项目	U_{FA}	U_{AD}	U_{DE}	U_{EF}	$\sum U_{\mathrm{I}}$	U_{AB}	U_{BC}	U_{CD}	U_{DA}	$\sum U_{\mathrm{II}}$
测 量 值										
理论计算值										
误 差										

表 2.2.3   电位及电压数据表   单位：V

参考点选择	测 量 值						计算值（利用测量到的电位计算电压）						
	U_A	U_B	U_C	U_D	U_E	U_F	U_{AB}	U_{BC}	U_{CD}	U_{DE}	U_{EF}	U_{FA}	U_{AD}
$U_A=0$	0												
$U_D=0$				0									

2.3 叠加定理电路的研究

【实验目的】

① 验证叠加定理的正确性。

② 掌握叠加定理的使用条件及不作用的独立电源处理方法。

【实验原理简介】

（1）实验定理

在线性电路中，若存在多个独立电源同时作用时，则任一支路的电流或电压都可以看成由电路中各个电源（电压源或电流源）分别作用时，在该支路中所产生的电流或电压分量的代数和。这就是叠加定理。

用叠加定理计算复杂电路，就是把一个多电源的复杂电路化为几个单电源电路来进行计算。

（2）为什么叠加定理只适用于线性电路

从数学上看，叠加定理就是线性方程的可加性。因为叠加定理是由支路电流法和节点电压法推导出来的。而由支路电流法和节点电压法得出的方程都是线性方程。所以各支路电流和电压都可以用叠加定理来求解，但功率的计算就不能用叠加定理。

叠加定理不仅可以用来计算复杂电路，而且是分析与计算线性问题的普遍原理。

（3）运用叠加定理时应注意以下两点

① 当某个独立电源单独作用时，应使其他独立电源不作用。这里所说的不作用指的是什么？对于理想电压源，不作用是指它输出的电动势为零，或者说它所在处电位差为零，这就需要把理想电压源拿走，并且把原来接理想电压源的位置短接起来；对于理想电流源，不作用是指它输出的电流为零，即不供给电流，因此，应将该理想电流源处用开路代替。至于实际电压源或电流源，当它们不作用时，除在电路中把电压源的电动势以短路代替、电流源以开路代替外，它们的内阻和电导必须保留，不要把内阻和电导也同样短路或开路掉。

② 测量各参数时，要注意电流和电压的参考方向；求代数和时，要注意电流和电压的正负。

【实验器材】

① 电工基础实验箱　　　　　　　　1个

② 双路可调直流稳压电源　　　　　1个

③ 直流电流表　　　　　　　　　　1个

④ 数字万用表　　　　　　　　　　1个

【注意事项】

① 直流电压源的输出端不能短路；否则，将损坏直流电源。

② 测量直流电压时，要按照电压的参考方向接入直流电压表（用万用表测量电压时，红表笔接参考方向的正极，黑表笔接参考方向的负极）。

③ 测量直流电流时，要按照电流的参考方向，使电流由电流表的正极流入、负极流出。

④ 注意不作用的电压源的处理方法，不能将直流电压源的正、负极直接短路。

【实验内容及步骤】

① 调节双路直流稳压电源，使之输出的电压分别为 12 V 和 8 V。

② 按照图 2.3.1 及给定电路参数连接电路，并设定各支路电流参考方向，如图 2.3.1 所示。

③ 测量独立电源 E_1 单独作用时，各支路的电流及电压（被测电压的参考方向与回路的绕行方向一致，如图 2.3.1 所示），并将测量结果记在预习报告的表 2.3.1 中。

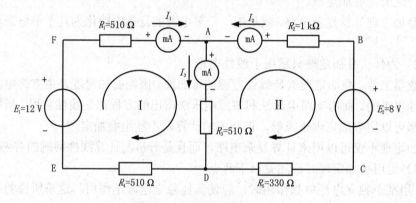

图 2.3.1 叠加定理验证电路

④ 测量独立电压源 E_2 单独作用时，各支路中的电流及电压，并将测量结果记在预习报告的表 2.3.1 中。

⑤ 测量两个电源 E_1 和 E_2 同时作用时各支路的电流及电压，将测量结果记在预习报告的表 2.3.1 中。

⑥ 计算叠加结果，验证叠加定理。

表 2.3.1 中叠加结果的计算方法是：叠加结果中的数据＝E_1 单独作用时的数据＋E_2 单独作用时的数据。

表 2.3.1 中叠加定理的验证方法是：将叠加结果中的数据与 E_1 和 E_2 同时作用时的数据进行比较，若相等或结果在误差允许的范围内，则说明叠加定理成立。

预 习 报 告

班级学号：　　　　　　姓名：　　　　　　日期：20　　年　　月　　日

一、实验项目：叠加定理电路的研究

二、实验目的：

① 验证＿＿＿＿＿＿＿＿＿＿＿＿＿＿＿＿＿＿。

② 掌握＿＿＿＿＿＿＿＿＿＿＿＿＿＿＿＿＿＿＿＿＿＿＿及不作用

的＿＿＿＿＿＿＿＿＿＿＿＿＿＿＿＿＿＿＿＿＿＿＿。

三、注意事项：

＿＿＿＿＿＿＿＿＿＿＿＿＿＿＿＿＿＿＿＿＿＿＿＿＿＿＿＿＿＿＿＿

＿＿＿＿＿＿＿＿＿＿＿＿＿＿＿＿＿＿＿＿＿＿＿＿＿＿＿＿＿＿＿＿

＿＿＿＿＿＿＿＿＿＿＿＿＿＿＿＿＿＿＿＿＿＿＿＿＿＿＿＿＿＿＿＿

＿＿＿＿＿＿＿＿＿＿＿＿＿＿＿＿＿＿＿＿＿＿＿＿＿＿＿＿＿＿＿＿

＿＿＿＿＿＿＿＿＿＿＿＿＿＿＿＿＿＿＿＿＿＿＿＿＿＿＿＿＿＿＿＿

＿＿＿＿＿＿＿＿＿＿＿＿＿＿＿＿＿＿＿＿＿＿＿＿＿＿＿＿＿＿＿＿

四、预习内容（原理概述）：

在＿＿＿＿＿＿＿＿＿，若存在＿＿＿＿＿＿＿＿＿＿＿＿＿＿＿＿＿＿，

则＿＿＿＿＿＿＿＿＿＿＿＿＿＿都可以看成由电路中＿＿＿＿＿＿＿＿＿＿＿＿

＿＿＿＿＿＿＿＿＿＿，在该支路产生的＿＿＿＿＿＿＿＿＿＿＿＿＿＿代数和。

运用叠加定理时应注意以下两点。

①当某个独立电源单独作用时，＿＿＿＿＿＿＿＿＿＿＿＿＿＿＿。这里所说

的＿＿＿＿＿＿＿＿？对于理想电压源，＿＿＿＿＿＿＿＿＿＿＿＿＿＿＿＿＿＿，

或者说＿＿＿＿＿＿＿＿＿＿＿＿＿＿，这就需要＿＿＿＿＿＿＿＿＿＿＿＿＿＿，

并且把＿＿＿＿＿＿＿＿＿＿＿＿＿＿＿起来；对于理想电流源，＿＿＿＿＿＿＿＿

＿＿＿＿＿＿＿＿＿，因此，应将该＿＿＿＿＿＿＿＿＿＿＿＿＿＿＿＿＿＿代

替。至于＿＿＿＿＿＿＿＿＿，当它们不作用时，＿＿＿＿＿＿＿＿＿＿＿＿＿＿

＿＿＿＿＿＿以＿＿＿＿＿＿＿＿、＿＿＿＿＿＿＿＿以＿＿＿＿＿＿＿外，它们

的＿＿＿＿＿＿＿＿＿＿＿＿＿＿＿＿＿＿，不要把＿＿＿＿＿＿＿也同样＿＿＿＿＿＿

＿＿＿＿＿＿掉。

② 测量各参数时，＿＿＿＿＿＿＿＿＿＿＿＿＿＿＿＿＿＿＿＿＿；求代数和时，

要＿＿＿＿＿＿＿＿＿＿＿＿＿＿＿。

五、实验电路图：

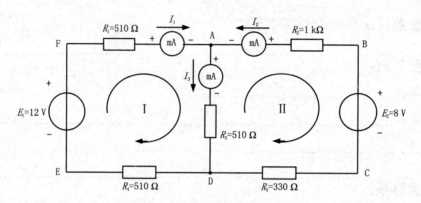

图 2.3.1　叠加定理验证电路

六、实验数据：

表 2.3.1　　　　　　　　　叠加定理实验数据表

测量项目	电流测量值/mA			电压测量值/V				
	I_1	I_2	I_3	U_{FA}	U_{AD}	U_{DE}	U_{AB}	U_{CD}
E_1 单独作用								
E_2 单独作用								
E_1，E_2 共同作用								
叠加结果								

注：叠加结果=E_1单独作用的数据+E_2单独作用的数据。

2.4 有源一端口网络等效电路的研究

【实验目的】

① 验证戴维南定理的正确性。

② 掌握有源线性一端口网络电路等效参数的测量方法。

【实验原理简介】

（1）实验原理

任何一个线性有源网络，若只研究其中一条支路的电压或电流时，则可将该线性有源网络电路中的其余部分看作一个有源一端口网络。戴维南定理指出：任何一个线性有源一端口网络，都可以用一个等效电源来代替。该等效电源的电动势 E_S 等于这个有源一端口网络的开路电压 U_{OC}，其内阻 R_0 等于该有源一端口网络中所有独立电源都置零时的等效电阻。即任何一个线性有源网络都可以用一个理想电压源 $E_S(E_S=U_{OC})$ 与一个电阻 R_0 串联的电路来等效代替。

等效电源的电动势 U_{OC} 和等效内阻 R_0 称为有源一端口网络的等效参数。

（2）有源一端口网络等效电阻 R_0（内阻）的测量方法

① 开路、短路法。开路、短路法即用电压表（高内阻）直接测量网络端口间开路时的电压 U_{OC}；用电流表（内阻很小，可视为零）直接测出其短路电流 I_{SC}，根据 U_{OC} 和 I_{SC} 计算出有源网络等效入端电阻 R_0，即 $R_0=U_{OC}/I_{SC}$。但此方法必须在短路电流 I_{SC} 值小于有源网络允许输出的最大电流范围内进行，若网络的内阻很小，则不能测其短路电流。

② 伏安法。用电压表和电流表测出含源网络的外特性，然后根据外特性曲线求出曲线的斜率 $\tan\varphi$，则内阻 $R_0=\tan\varphi$。

③ 半电压法。当负载上的电压等于网络的开路电压的一半时，则负载电阻等于有源网络的内阻。具体方法是在图 2.4.1 中，当 ab 端开路时，测量 ab 间的开路电压 $U_{ab}=U_{OC}$，然后在 ab 间接入一个可调电阻 R_P。调节 R_P，并测量 R_P 两端的电压 U_{ab}，当 $U_{ab}=U_{OC}/2$ 时，电阻 R_P 的阻值等于有源一端口网络的内阻 R_0。

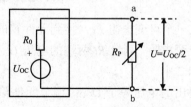

图 2.4.1 半电压法测量等效电阻电路

【实验器材】

① 电工基础实验箱 　　　　　　　　　　1 个

② 元件箱　　　　　　　　　　　　　　1个
③ 可调直流稳压电源　　　　　　　　　1个
④ 直流电流表　　　　　　　　　　　　1个
⑤ 数字万用表　　　　　　　　　　　　1个

【注意事项】

① 电路连接时，注意直流电压源和电流源的极性应与图2.4.2中的参考方向一致。
② 测原电路及其等效电路的伏安特性时，两者要对应取相同的电阻，以便比较。
③ R_0 的调节应在图2.4.3电路连接前进行（即将 R_0 从电路中断开调节）。

【实验内容及步骤】

① 调节直流稳压电源，使之输出的电压为12 V；再调节恒流电源，使之输出的电流为10 mA。

② 按照图2.4.2连接电路，在ab间不接 R_L 的情况下（即ab间开路），测量ab间的开路电压 U_{OC}。即为有源一端口网络的等效电源的电动势，并记录在预习报告的表2.4.1中。

③ 将毫安表直接接到ab两端（注意直流电流表的极性），测量ab间的短路电流 I_{SC}，并将数据记录在预习报告的表2.4.1中。

④ 计算有源一端口网络的等效内阻 $R_0=U_{OC}/I_{SC}$（计算时，注意统一单位），将所计算出的内阻 R_0 记录在预习报告的表2.4.1中，并画出等效电路（如图2.4.3所示）。

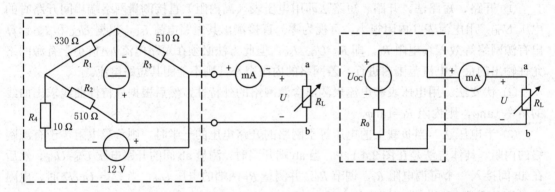

图2.4.2　有源一端口网络电路　　　　　图2.4.3　有源一端口网络等效电路

⑤ 在图2.4.2电路的ab端接入一个可变电阻 R_L（接到元件箱的可调电阻箱上），按照预习报告中的表2.4.2上的电阻值改变电阻，测量 R_L 两端的电压 U 及流过 R_L 的电流 I，并将测量的数据记录在预习报告的表2.4.2中。

⑥ 调节直流稳压电源，使之输出的电压等于 U_{OC}；调节元件箱上的1 kΩ可变电阻，使之等于 R_0（$R_0=U_{OC}/I_{SC}$），按照图2.4.3连接电路（R_L 仍然接在元件箱的可调电阻箱上），按照预习报告中的表2.4.3上的电阻值改变电阻，测量 R_L 两端的电压 U 及流过 R_L 的电流 I，并将测量的数据记录在预习报告的表2.4.3中。

⑦ 将表2.4.2及表2.4.3中的数据画在同一坐标系中，以便分析计算。

预 习 报 告

班级学号：   **姓名：**   **日期：20   年   月   日**

一、实验项目： 有源一端口网络等效电路的研究

二、实验目的：

① 验证＿＿＿＿＿＿＿＿＿＿＿＿＿＿＿＿＿＿＿的正确性。

② 掌握＿＿＿＿＿＿＿＿＿＿＿＿＿＿＿＿＿＿＿＿＿＿＿＿＿的测量方法。

三、注意事项：

＿＿＿＿＿＿＿＿＿＿＿＿＿＿＿＿＿＿＿＿＿＿＿＿＿＿＿＿＿＿＿＿＿＿＿

＿＿＿＿＿＿＿＿＿＿＿＿＿＿＿＿＿＿＿＿＿＿＿＿＿＿＿＿＿＿＿＿＿＿＿

＿＿＿＿＿＿＿＿＿＿＿＿＿＿＿＿＿＿＿＿＿＿＿＿＿＿＿＿＿＿＿＿＿＿＿

＿＿＿＿＿＿＿＿＿＿＿＿＿＿＿＿＿＿＿＿＿＿＿＿＿＿＿＿＿＿＿＿＿＿＿

四、预习内容（原理概述）：

任何一个＿＿＿＿＿＿＿＿＿＿＿＿＿＿，若＿＿＿＿＿＿＿＿＿＿＿＿＿＿＿＿时，

则可将＿＿＿＿＿＿＿＿＿＿＿＿＿＿＿中的其余部分＿＿＿＿＿＿＿＿＿＿＿＿＿

＿＿＿＿＿＿＿＿＿＿＿＿＿＿＿＿＿＿＿＿＿＿＿＿＿＿＿＿。戴维南定理指

出：＿＿＿＿＿＿＿＿＿＿＿＿＿＿＿＿＿＿＿＿＿＿＿＿＿＿＿，都可以

用＿＿＿＿＿＿＿＿＿＿＿＿。该＿＿＿＿＿＿＿＿＿＿＿＿E_S 等于这个含

源一端口网络的＿＿＿＿＿＿＿＿＿＿U_{OC}，其＿＿＿＿＿＿＿＿＿＿＿＿＿＿＿中

所有＿＿＿＿＿＿＿＿＿＿＿＿＿＿＿＿＿＿。即任何＿＿＿＿＿＿

＿＿＿＿＿＿＿＿＿＿＿＿＿都可以用＿＿＿＿＿＿＿＿＿＿＿＿＿＿

＿＿＿＿＿＿＿＿＿＿＿串联的电路来＿＿＿＿＿＿＿＿。

五、实验电路图:

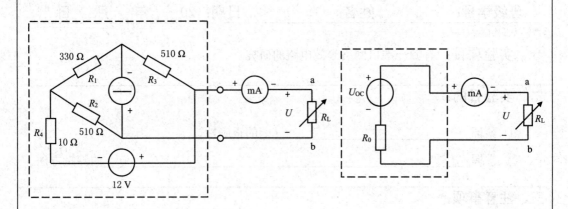

图 2.4.2　有源一端口网络电路　　　　　图 2.4.3　有源一端口网络等效电路

六、实验数据:

表 2.4.1　　　　　　　有源一端口网络等效参数测量表

U_{OC}/V	I_{SC}/mA	$R_0(=U_{OC}/I_{SC})/\Omega$

表 2.4.2　　　　　　　有源一端口网络的外特性曲线测量表

R_L/Ω	0	100	200	500	700	1000	5000	10000	∞
U/V	0								
I/mA									0

表 2.4.3　　　　　　　等效电路的外特性曲线测量表

R_L/Ω	0	100	200	500	700	1000	5000	10000	∞
U/V	0								
I/mA									0

2.5 功率因数的研究

【实验目的】

① 了解日光灯电路组成、工作原理、安装方法及提高功率因数的意义。

② 掌握感性负载并联不同容量的电容器后，功率因数的变化趋势。

【实验原理简介】

（1）提高功率因数的意义

在正弦交流电路中 $P=UI\cos\varphi=S\cos\varphi$，其中 $\cos\varphi$ 称为功率因数，φ 是电路负载阻抗角（即 $\dot{I}$ 与 $\dot{U}$ 的夹角）。

提高负载端功率因数，对降低电能损耗、提高输电效率和供电质量有着重要作用。

（2）提高功率因数的原理

在实际电路中，用电负载多为感性，它们的功率因数较低（0.5～0.8）。提高功率因数时，不能用改变负载的结构和工作状态来实现。简单又易实现的方法是在负载端并联电容器。

当感性负载并入电容前，负载电流中含有感性无功电流，并联电容就是为了取得容性无功电流去补偿感性无功电流，使无功能量在负载端直接交换，不再经过输电线路与电源交换。因此，改变电容 C 的容量大小就能得到不同的补偿，从而使功率因数得到提高。

在图 2.5.1 中，感性负载并联电容前的总电流为 I，负载阻抗角为 φ_1，并联电容后流过电容的电流为 I_2，并入电容后电路的总电流为 I'，负载阻抗角为 φ_2。从图中可以看出 $\varphi_2<\varphi_1$，因此，并入电容后，整个电路的功率因数得到提高。但电感支路的电流、功率因数和有功功率是不变的，与是否并入电容无关。

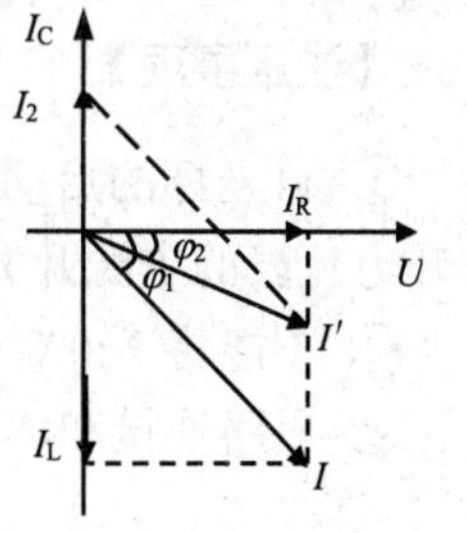

（3）日光灯电路结构及工作过程

① 日光灯电路结构。日光灯电路由灯管、启动器、镇流器组成，如图 2.5.2 所示。其各部件作用如下。

灯管：灯管的主要作用是发光。

启动器：启动器（跳泡）相当于一个自动开关。

镇流器：镇流器是一个带有铁芯的电感线圈，它起到调整灯管电压和限制灯管电流的作用。

图 2.5.1 功率因数提高

② 日光灯的工作过程。当日光灯电路与电源接通时，由于日光灯尚未工作，电源电压全部加在启动器上，启动器放电发热，使双金属 U 形电极变形而接通电路。此时，启动器、镇流器、灯管两组灯丝通有电流，此电流加热灯管灯丝，为日光灯启辉创造条件。当 U 形电极的变形接通电路后，启动器放电停止，并开始冷却。当双金属 U 形电极收缩复位后，电路突然切断。在电路被切断的瞬间，电路中的电流突变为零，镇流器两端产生较大的自感电压。此自感电压与电源电压叠加作用于灯管，使灯管放电导通，并伴随放出射线，射线在管壁荧

光物质上激发出近似日光的灯光。

本实验电路如图 2.5.2 所示。灯管工作后，可视为电阻与电感串联的电路。由于镇流器具有较大的电感，因此日光灯电路的功率因数只有 0.5～0.6。一般可以用并联电容器的办法来提高功率因数。其有关参数可用下式计算

$$\cos\varphi = \frac{P}{S} = \frac{I_1^2 R_L + U_2 I_1}{UI} \quad , \qquad |Z| = \frac{U_1}{I_1}$$

$$X_L = \sqrt{|Z|^2 - R_L^2} \quad , \qquad L = \frac{X_L}{\omega} = \frac{X_L}{2\pi f}$$

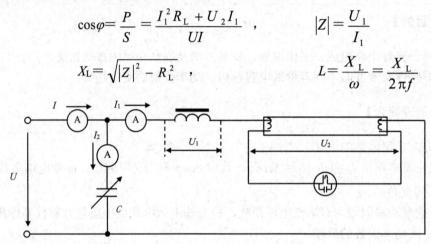

图 2.5.2　日光灯实验电路

【实验器材】

① 单相交流电源　　　　　　　　　　　　　　1 组
② 日光灯实验箱　　　　　　　　　　　　　　1 个
③ 交流电流表　　　　　　　　　　　　　　　1 个
④ 数字万用表　　　　　　　　　　　　　　　1 个

【注意事项】

① 日光灯的启动电流较大，启动时，要关闭电流表的电源开关；等日光灯点亮后，再打开电流表的电源开关，以防损坏电流表。

② 不能将 220 V 的交流电源不经过镇流器而直接接在灯管两端，否则将损坏灯管。

③ 电路连接和实验后拆线时，都必须在断开总电源的情况下进行。

【实验内容及步骤】

① 在接线以前，先用万用表测量镇流器的直流电阻 R_L。记入预习报告的表 2.5.1 中。

② 按照图 2.5.2 接线，在不接电容的情况下接通电源，并使日光灯点亮。观察日光灯启动过程。

③ 测量未并入电容时，电路总电压 U、总电流 I、各分电压 U_1 和 U_2、分电流 I_1 和 I_2，将所测得数据填入预习报告的表 2.5.1 中，并根据测量结果计算 X_L，L，S，P，$\cos\varphi$。

④ 测量并联不同容量电容时，电路对应的总电压 U、总电流 I、分电压 U_1 和 U_2、分电流 I_1 和 I_2，将所测数据填入预习报告的表 2.5.1 中，并根据测量结果计算 X_L，L，S，P，$\cos\varphi$。

预 习 报 告

班级学号：　　　　　姓名：　　　　　日期：20　年　月　日

一、实验项目： 功率因数的研究

二、实验目的：

① 了解日光灯电路_____及

提高_____的意义。

② 掌握_____后，

功率因数的变化趋势。

三、注意事项：

_____

_____

_____

_____

_____

四、预习内容（原理概述）：

当感性负载并入电容前，负载电流中含有_____，并联_____就是为了取得

_____电流去_____电流，使_____直接交换，

不再经过_____。因此，改变_____的容量大小就

能_____，从而使_____得到提高。

在图 2.5.1 中，感性负载_____前的总_____为 I，_____为 φ_1，

并联电容后_____为 I_2，并入_____

_____为 I'，_____为 φ_2。

从图中可以看出_____，因此，并入_____后，整个

电路的_____提高。但电感支路

的_____、_____和_____是不变的，

与是否并入_____无关。

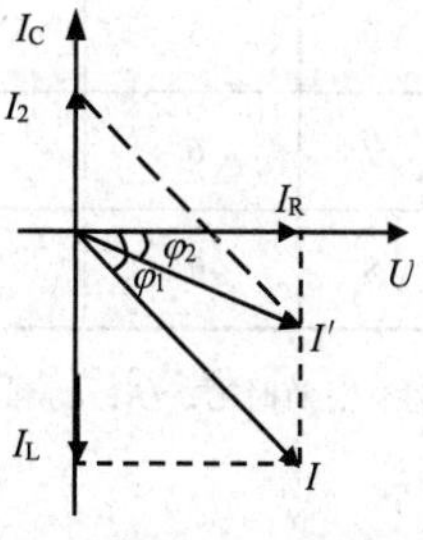

图 2.5.1　功率因数提高

五、实验电路图：

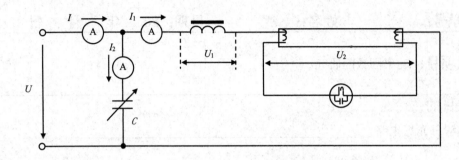

图 2.5.2 日光灯实验电路

六、实验数据：

表 2.5.1　　　　　　　　　　日光灯电路参数测量

顺序	电容量	测量值						计算值					
	$C/\mu F$	U/V	U_1/V	U_2/V	I/A	I_1/A	I_2/A	R_L/Ω	X_L/Ω	L/mH	P/W	$S/(V \cdot A)$	$\cos\varphi$
1	不接电容						0						
2	1												
3	2												
4	3												
5	4												
6	5												
7	6												
8	7												

注：计算时 U，U_1，U_2 和 I_1 用平均值。

2.6　电动机启停控制

【实验目的】

① 熟悉交流接触器、热继电器、控制按钮的构造，观察它们的动作情况，了解它们在控制线路中所起的作用。

② 学习异步电动机控制电路的连接及其故障的检查方法。

【实验原理简介】

电动机或其他电气设备的接通和断开，通常采用继电器、交流接触器及按钮等控制电器来实现自动控制。这种控制系统一般称为继电器接触器控制系统。

（1）常用控制电器

① 自动空气开关。它具有过流自动跳闸的功能，被广泛地应用于各种配电设备和供电线路中，用来作为接通和分断容量不太大的低压供电线路，也可作为电源隔离开关，并可对小容量的电动机做不频繁的直接启动。

② 熔断器。它是最简单而且有效的短路保护电器。线路在正常工作情况下，熔断器不应熔断。一旦发生短路时，熔断器应立即熔断（本实验中的熔断器带有状态指示灯）。

③ 控制按钮。它通常用来接通或断开控制电路（其中电流很小），从而可供低压网络中作为远距离手动控制各种电磁开关，也可用来转换各种信号线路与电气联锁线路等。

④ 交流接触器。它是利用电磁铁吸引力的作用来使触头闭合或通断大电流电路的开关电器。它具有欠压或失压保护功能。交流接触器主要由电磁铁和触点两部分组成。当吸引线圈通电后，吸引山字形动铁芯，而使常开触点闭合、常闭触点打开。

⑤ 热继电器。在电动机发生较长时间过载时，能自动切断电路，以防电动机过热而被烧毁。热继电器是利用电流热效应原理来工作的。热继电器一般由热元件、双金属片、扣板与弹簧、触点等组成。

（2）电动机启停控制电路

图 2.6.1 是由自动空气开关 Q，熔断器 FU，接触器 KM 的常开主触点，热继电器 KH（FR）的热元件与电动机 M 构成主电路。由启动按钮 SB₂，停止按钮 SB₁，接触器 KM 的线圈和常开辅助触点及热继电器 KH（FR）的常闭触点构成控制电路。

① 电路工作情况。启动时，合上 Q，引入三相电源。按下 SB₂，交流接触器 KM 的吸引线圈通电动作，主触头闭合，电动机接通电源启动运转，同时与 SB₂ 并联的常开辅助触头 KM（3~5）闭合，使接触器线圈经二条路径通电。当手松开后，SB₂ 自动复位（断开）时，接触器 KM 线圈仍然可以通过接触器 KM 的常开辅助触头（3~5），使接触器线圈继续通电，从而保持电动机的连续运行。这种依靠接触器自身辅助触头而使其线圈保持通电的现象称为自锁，这对起自锁作用的辅助触头，称为自锁触头。

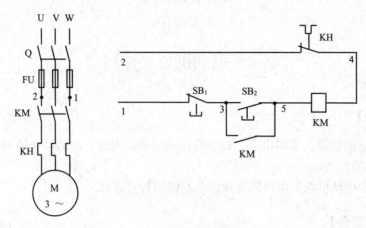

图 2.6.1 电动机启停控制电路

要使电动机 M 停止运转，只需按下停止按钮 SB$_1$，将控制电路断开，接触器 KM 线圈断电，KM 的常开主触头将三相电源切断，电动机 M 停止旋转。当手松开 SB$_1$ 按钮后，SB$_1$ 的常闭触头在复位弹簧作用下，虽然又恢复到原来的常闭状态，但接触器线圈已经不能依靠自锁触头再通电，因为原来闭合的自锁触头早已随着接触器的释放而断开。

② 电路的保护环节。

第一，熔断器 FU 的作用是电路短路保护，但起不到过载保护的作用。

第二，热继电器 KH（FR）具有过载保护作用。只有在电动机长期过载下，KH（FR）才动作，断开控制电路，接触器 KM 线圈断电释放，电动机停止运转，实现电动机过载保护。

第三，欠压保护与失压保护是依靠接触器本身的电磁机构来实现的。

【实验器材】

① 三相交流电源（380 V）　　　　　　1 组
② 三相鼠笼式异步电动机　　　　　　1 台
③ 继电控制实验箱或相应的分立元件　1 套
④ 数字万用表　　　　　　　　　　　1 个

【注意事项】

① 电路连接和拆线时，都必须关闭总电源开关。
② 电路接完后，要认真检查电路。在确保没有问题后，再接通电源。
③ 将电动机放在安全位置，并远离电动机的转轴。实验时，要注意人身及设备安全。

【故障检查方法】

① 发生故障需要检查时，首先判断是主回路还是控制回路的故障。如按启动按钮，接触器不动作，则首先是控制回路的故障；若接触器动作而电机不转，则首先是主回路的故障。
② 分清主回路和控制回路故障后，可逐点查找故障，然后找出故障位置。
③ 若电机不转，且有嗡嗡声，则是两相运行。

预 习 报 告

班级学号：　　　　　　姓名：　　　　　　日期：20　年　月　日

一、实验项目： 电动机启停控制

二、实验目的：

① 熟悉＿＿＿＿＿＿＿＿＿＿、＿＿＿＿＿＿＿＿＿＿＿＿、＿＿＿＿＿＿＿＿＿＿＿＿，
观察它们的动作情况，了解它们在＿＿＿＿＿＿＿＿＿＿中所起的作用。

② 学习＿＿＿＿＿＿＿＿＿＿＿＿＿＿＿＿的连接及其＿＿＿＿＿＿＿的检查方
法。

三、注意事项：

＿＿

＿＿

＿＿

＿＿

四、预习内容（原理及工作过程概述）：

电路工作情况。启动时，＿＿＿＿＿＿＿，＿＿＿＿＿＿＿＿＿＿。按下 SB_2，＿＿＿＿＿＿＿＿
＿＿＿＿＿＿＿＿＿＿＿，＿＿＿＿＿＿＿＿，电动机接通电源启动运转，同时＿＿＿＿＿＿＿＿＿
＿＿＿＿＿＿＿＿＿＿＿＿＿，＿＿＿＿＿＿＿＿＿＿＿＿＿＿＿＿＿。当手松开后，＿＿＿＿＿＿
＿＿＿＿＿＿＿＿＿＿，接触器 KM 线圈仍然可以通过＿＿＿＿＿＿＿＿＿＿＿＿＿＿＿＿＿＿，
＿＿＿＿＿＿＿＿＿＿＿＿＿＿＿，从而保持电动机的连续运行。这种依靠＿＿＿＿＿＿＿＿＿
＿＿＿＿＿＿＿＿＿＿称为自锁，＿＿＿＿＿＿＿＿＿＿＿＿＿＿＿＿，称为自锁触头。

要使电动机 M 停止运转，＿＿＿＿＿＿＿＿＿＿＿＿＿＿＿＿，＿＿＿＿＿＿＿＿＿＿＿＿＿＿，
＿＿＿＿＿＿＿＿＿＿＿＿＿＿＿＿＿＿＿＿＿＿＿，电动机 M 停止旋转。
当手松开 SB_1 按钮后，＿＿＿＿＿＿＿＿＿＿＿＿＿＿＿＿＿＿＿，＿＿＿＿＿＿＿＿＿＿＿
＿＿＿＿＿＿＿＿＿＿，＿＿＿＿＿＿＿＿＿＿＿＿＿＿＿＿＿＿＿＿＿，因为＿＿＿＿＿＿
＿＿＿＿＿＿＿＿＿＿＿＿＿＿。

五、实验电路图：

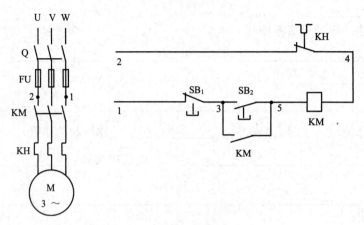

图 2.6.1　电动机启停控制电路

六、电路保护环节及故障检查方法：

电路的保护环节：

① 熔断器 FU 的作用_____保护，但_____作用。

② 热继电器 KH（FR）具有_____。_____，KH（FR）才动作，_____，电动机停止运转，实现电动机_____保护。

③ _____保护与_____保护是依靠_____本身的_____来实现的。

故障检查方法：

① 线路_____时，不应盲目地乱拆乱碰，要根据故障现象，分析产生_____。首先判断是_____的毛病。如按启动按钮，_____，则首先是_____的毛病；若接触器动作_____，则首先是_____的毛病。

② 分清_____毛病后，可用电笔（或万用表）逐点_____位置。

③ 若电机不能转，且有嗡嗡声，则是_____运行。

2.7 电动机可逆运行控制

【实验目的】

① 掌握三相异步电动机正、反转控制电路的工作原理和正确的接线方法，以及电路中"自锁""互锁"环节的作用。

② 学会可逆运行电路的故障分析及排除故障的方法。

【实验原理简介】

在生产加工过程中，往往要求电动机能够实现可逆运行。大家知道，若改变电动机电源的相序，其旋转方向就会跟着改变。为此，采用两个接触器分别给电动机送入 U，V，W 相序和 U，W，V 相序的电源，电动机就能够可逆运行，其实验电路如图 2.7.1 所示。所以，可逆运行线路的实质是两个方向相反的单向运行电路，但为了避免误操作而引起电源相间短路，在这两个相反方向的单向运行电路中，加设了必要的互锁。根据电动机可逆运行的操作顺序不同，有"正-停-反"控制电路与"正-反-停"控制电路。

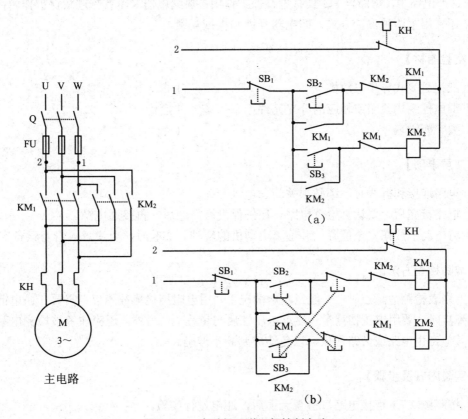

图 2.7.1 电动机可逆运行控制电路

（1）电动机"正-停-反"电路

图 2.7.1（a）为可逆运行控制线路。利用两个接触器的常闭辅助触头 KM_1 和 KM_2 来起相互控制作用，即在接触器线圈通电时，利用常闭辅助触头的打开来锁住对方线圈的电路。这种利用常闭辅助触头互相控制的方法叫作互锁或者联锁，而这两对起互锁作用的触头叫作互锁触头或联锁触头。但是，图 2.7.1（a）控制线路正、反向操作控制时，必须首先按下停止按钮 SB_1，然后反向启动。因此是"正-停-反"控制线路。

（2）电动机"正-反-停"控制线路

在生产实际中，为了提高劳动效率，减少辅助工时，要求直接能够实现正、反向变换。对于电动机正转的时候，按下反转按钮时，应首先打开正转接触器线圈电路，待正转接触器释放后，再接通反转接触器。为此，可以采用两个复合按钮来实现，其控制线路如图 2.7.1（b）所示。

在这个线路中，正转启动按钮 SB_2 的常开触头用来作为正转接触器 KM_1 线圈瞬时通电用，其常闭触头串接在反转接触器 KM_2 线圈电路中。反转启动按钮 SB_3 也做同样的安排。当按下 SB_2 或 SB_3 时，根据按钮的结构，首先是常闭触头打开，然后是常开触头闭合。这样，在需要改变电动机运转方向时，就不必先按停止按钮 SB_1，可实现直接操作 SB_3 或 SB_2 按钮来改变电动机的运转方向。

（3）电路的保护环节

在这个电路中，熔断器 FU 具有短路保护作用；热继电器 KH 具有过载保护作用；电路（b）中还采用了两种保护方式，即电器互锁和机械互锁。

【实验器材】

① 三相鼠笼式异步电动机	1 台
② 继电控制实验箱或相应的分立元件	1 套
③ 数字万用表	1 个

【注意事项】

① 电路连接和拆线时，都必须关闭总电源开关。

② 电路接完后，要认真检查电路。在确保没有问题后，再接通电源。

③ 将电动机放在安全位置，并远离电动机的转轴。实验时，要注意人身及设备安全。

【故障检查方法】

用万用表检测故障点时，一般在断电情况下，用电阻挡检测故障点；需要在通电情况下检测故障点时，要用电压挡测量（注意电压性质与量程）。另外，还应注意被检测电路之间是否有其他寄生电路或旁路现象，以免造成判断不准确。

【实验内容及步骤】

① 按照图 2.7.1 连接电路，检查无误后，通电进行实验。

② 分别按下 SB_2，SB_3 按钮，观察电机正、反转的运行情况。

预 习 报 告

班级学号： 姓名： 日期：20 年 月 日

一、实验项目：电动机可逆运行控制

二、实验目的：

① 掌握三相异步电动机＿＿＿＿＿＿＿＿＿＿＿＿＿＿＿＿＿＿＿＿

＿＿＿＿＿＿＿＿＿＿＿以及电路中"＿＿＿＿＿＿""＿＿＿＿＿＿"环节的作用。

② 学会＿＿＿＿＿＿＿＿＿＿＿＿＿＿＿＿＿＿＿＿＿＿＿的方法。

三、注意事项：

＿＿＿＿＿＿＿＿＿＿＿＿＿＿＿＿＿＿＿＿＿＿＿＿＿＿＿＿＿＿＿＿

＿＿＿＿＿＿＿＿＿＿＿＿＿＿＿＿＿＿＿＿＿＿＿＿＿＿＿＿＿＿＿＿

＿＿＿＿＿＿＿＿＿＿＿＿＿＿＿＿＿＿＿＿＿＿＿＿＿＿＿＿＿＿＿＿

＿＿＿＿＿＿＿＿＿＿＿＿＿＿＿＿＿＿＿＿＿＿＿＿＿＿＿＿＿＿＿＿

四、预习内容（原理及工作过程概述）：

若改变＿＿＿＿＿＿＿＿＿＿＿＿＿＿＿＿＿＿，其＿＿＿＿＿＿＿＿＿＿

＿＿＿＿＿＿。为此，采用＿＿＿＿＿＿＿＿＿＿＿送入＿＿＿＿＿＿＿＿相

序和＿＿＿＿＿＿＿＿＿相序的电源，＿＿＿＿＿＿＿＿＿＿＿＿＿＿＿＿。

利用两个＿＿＿＿＿＿＿＿＿＿＿＿＿＿＿＿＿＿＿＿＿＿＿＿来起

相互控制作用，即在＿＿＿＿＿＿＿＿＿＿＿＿＿＿时，利用＿＿＿＿＿＿的打

开来＿＿＿＿＿＿＿＿＿＿＿＿的电路。这种利用＿＿＿＿＿＿＿＿＿＿＿互

相＿＿＿＿＿＿＿＿＿＿＿＿＿＿＿或者联锁。

＿＿＿＿＿＿＿＿，要求直接能够实现＿＿＿＿＿＿＿＿＿＿。对于电动机＿＿＿＿＿的

时候，按下反转按钮时，应首先打开＿＿＿＿＿＿＿＿＿＿＿＿＿＿＿＿＿电路，待正

转接触器释放后，再＿＿＿＿＿＿＿＿＿＿＿＿＿＿＿。为此，可以采用两个复合按钮来

实现。

五、实验电路图：

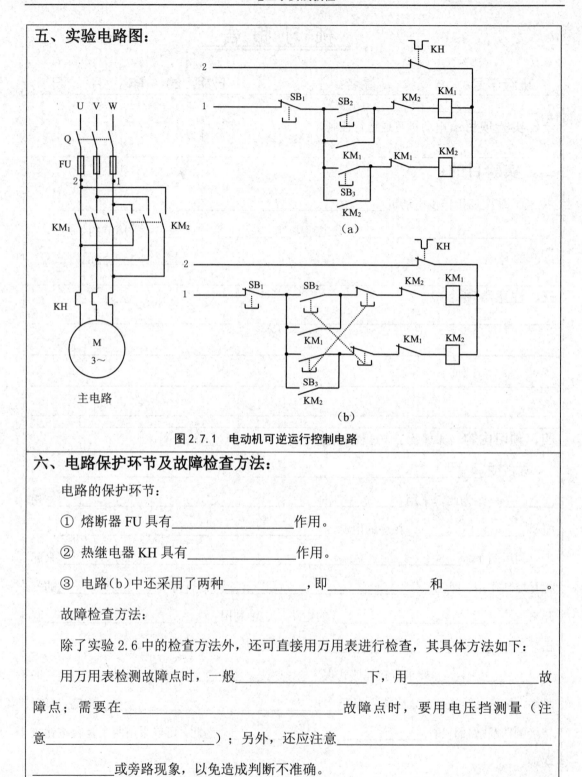

图 2.7.1　电动机可逆运行控制电路

六、电路保护环节及故障检查方法：

电路的保护环节：

① 熔断器 FU 具有＿＿＿＿＿＿＿＿＿＿＿＿作用。

② 热继电器 KH 具有＿＿＿＿＿＿＿＿＿＿＿作用。

③ 电路（b）中还采用了两种＿＿＿＿＿＿＿，即＿＿＿＿＿＿＿＿＿＿和＿＿＿＿＿＿＿＿。

故障检查方法：

除了实验 2.6 中的检查方法外，还可直接用万用表进行检查，其具体方法如下：

用万用表检测故障点时，一般＿＿＿＿＿＿＿＿＿＿＿＿＿＿＿下，用＿＿＿＿＿＿＿＿＿＿＿故障点；需要在＿＿＿＿＿＿＿＿＿＿＿＿＿＿＿＿＿＿故障点时，要用电压挡测量（注意＿＿＿＿＿＿＿＿＿＿＿＿＿＿）；另外，还应注意＿＿＿＿＿＿＿＿＿＿＿＿＿＿或旁路现象，以免造成判断不准确。

3 电子技术实验

3.1 三极管放大电路的研究

【实验目的】

① 掌握双路数字信号发生器和交流毫伏表的使用方法及注意事项。

② 掌握放大电路静态工作点调试方法,研究工作点对输出波形和电压放大倍数的影响。

③ 掌握放大器电压放大倍数的测试方法,研究旁路电容及负载电阻对放大倍数的影响。

【实验原理简介】

（1）常用电子仪器简介

函数信号发生器是用来产生一定频率和一定电压幅度函数信号的电子仪器。本实验使用的是 SG1020E 型双路数字信号发生器,具体使用方法见附 1.3 节。

交流毫伏表用来测量正弦波信号电压的有效值。使用前,先接通交流电源,并选择合适的量程后,再对被测电压进行测量。其读数的单位与所选量程的单位相对应。

（2）共发射极放大电路的构成

共发射极基本放大电路如图 3.1.1 所示,它是最简单的放大电路,用来放大交流信号。该电路由晶体管 T,直流电源 U_{cc},集电极限流电阻 R_{c1},基极偏置电阻 R_{P1},R_{b1},R_{b2},发射极电阻 R_e,耦合电容 C_1 及 C_2 和发射极旁路电容 C_{e1} 组成。

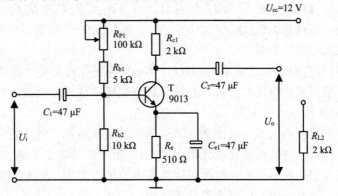

图 3.1.1 共发射极基本放大电路

（3）工作原理

共发射极基本放大电路的工作状态由静态工作点 I_b,I_c,U_{ce} 决定,其中

$$U_{ce}=U_{cc}-I_c(R_{c1}+R_e)\ ,\quad I_c=\beta I_b$$

改变 I_b 的大小,可获得相应的静态工作点。若 I_b 偏小,输出波形出现截止失真;若 I_b 偏大,

输出波形出现饱和失真。

当输入交流信号而输出不接负载 R_{L2} 时，放大电路的电压放大倍数为 $A_u = -\beta(R_{c1}/r_{be})$；

当输入交流信号而输出接上负载 R_{L2} 时，放大电路的电压放大倍数为 $A_u = -\beta(R_L'/r_{be})$。

（4）合适静态工作点的调节方法

① 静态调试法。在不接输入信号时，用万用表测量三极管的集电极与发射极之间的电压 U_{ce}，调节 R_{P1}，使 $U_{ce} = U_{cc}/2$。此时静态工作点处于一个比较合适的位置。

② 动态调试法。将放大器的输入端加上输入信号，启动示波器，调节放大器基极偏置电阻 R_{P1}，使放大器输出的波形为最大不失真的波形，此时静态工作点处于一个合适的位置。

【实验器材】

① 双踪示波器　　　　　　　　　　　　　　1 个
② 函数信号发生器　　　　　　　　　　　　1 个
③ 交流毫伏表　　　　　　　　　　　　　　1 个
④ 电子技术实验箱　　　　　　　　　　　　1 个
⑤ 数字万用表　　　　　　　　　　　　　　1 个

【注意事项】

① 直流电压源输出端严禁短接，且注意电源正负极，本实验中的电源电压为 12 V。
② 由于函数信号发生器的过载能力较差，不要将信号源输出端短路，也不能接电源。
③ 在本次实验中，万用表仅用来测量直流电压。

【实验内容及步骤】

（1）合适静态工作点的调节与测量

按照图 3.1.1 连接电路，在不接输入信号时，调节 R_{P1}，使 $U_{ce} = U_{cc}/2 = 6$ V。用万用表测量 U_e，U_c，U_b 值，并计算 I_c 值[$I_c = (U_{cc} - U_c)/R_{c1}$，$R_{c1} = 2$ kΩ]，将数据记录于表 3.1.1 中。

（2）电压放大倍数的测量

调节数字信号发生器，使之输出 1.5 kHz，10 mV 的正弦波信号，具体方法如下。

① 打开数字信号发生器电源开关，在波形选择按键中选择正弦波"～"按键，并利用通道切换键选择 CH1 通道。

② 信号频率设置。利用菜单软键激活软菜单中的频率菜单（激活后的菜单，背景为白色），在数字键上输入 1.5，再选择软菜单中"kHz"所对应的软菜单键。

③ 信号电压设置。利用菜单软键激活软菜单中的幅值菜单，在数字键上输入 10，再选择软菜单中"rms"（有效值）所对应的软菜单键。

④ 将输出接口 CH1 上方的输出控制键"Output"按下。

⑤ 将 1.5 kHz，10 mV 的正弦波信号加到放大器的输入端。按照表 3.1.2 要求操作，并将实验数据记录于表 3.1.2 中。

⑥ 根据测量数据计算放大电路的电压放大倍数 A_u。

预 习 报 告

班级学号：　　　　　**姓名：**　　　　　**日期：20　年　月　日**

一、实验项目： 三极管放大电路的研究

二、实验目的：

_____

_____

_____

_____

三、注意事项：

_____

_____

_____

_____

_____

四、预习内容（原理概述）：

共发射极_____决定，其中

_____

改变_____。若____偏小，_____

_____失真；若_____偏大，_____失真。

当_____时，放大电路的_____

_____；

当_____时，放大电路的_____

_____。

五、实验电路图：

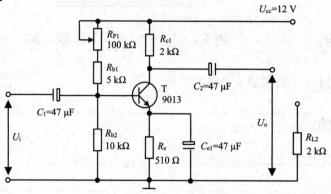

图 3.1.1 共发射极基本放大电路

六、实验数据：

表 3.1.1 合适静态工作点的测量值

测 试 条 件	测 量 值			计 算 值		
	U_b/V	U_c/V	U_e/V	U_{be}/V	U_{ce}/V	I_c/mA
R_{P1} 合适 输出波形不失真						

表 3.1.2 电压放大倍数的测试

测 量 条 件		测 量 数 据		由测量值计算
		U_i/mV	U_o/V	$A_u=U_o/U_i$
负载开路	不接旁路电容 C_{e1}			
	接入旁路电容 C_{e1}			
负载接入 R_{L2}	接入旁路电容 C_{e1}			

3.2 集成运算放大器的应用（一）

【实验目的】

① 加深对集成运算放大器的基本性质和特点的理解。

② 掌握用集成运算放大器组成比例运算、加法运算和减法运算电路的特点及性能。

【实验原理简介】

本实验所用的集成运放为 μA741，其引脚排列及功能见附录 2.5 节。

① 反相比例运算电路。实际上，它是一个具有深度电压并联负反馈的电路。在图 3.2.1 中，$R_3=R_1 /\!/ R_f$，本实验取 $R_3=10$ kΩ。其电压放大倍数 $A_{uf}=U_o/U_i=-R_f/R_1$，即输出电压与输入电压的幅值成正比，但相位相反。也就是说，电路实现了反相比例运算。

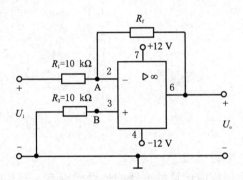

图 3.2.1 反相比例放大器

② 反相端加法运算电路。它实现的是 $U_o=-A_u(U_{i1}+U_{i2})$ 的运算，式中的系数 A_u 由图 3.2.2 中的 R_f 与 R_1 的比值决定，平衡电阻 $R_3=R_f /\!/ R_1 /\!/ R_2$，本实验取 $R_3=10$ kΩ。

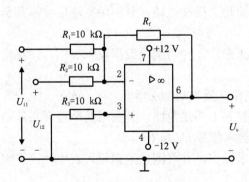

图 3.2.2 加法运算电路

③ 减法运算电路。它实质上是一个差动比例放大器，如图 3.2.3 所示。

该电路实现的是 $U_o = A_u (U_{i1} - U_{i2})$ 的运算，式中的系数 A_u 由图 3.2.3 中的 R_f 与 R_1 的比值决定（$R_1 = R_3$，$R_f = R_4$），U_{i1} 为反相端输入信号，U_{i2} 为同相端输入信号。

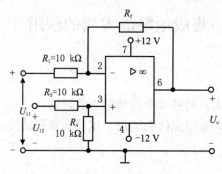

图 3.2.3　减法运算电路

【实验器材】

① 函数信号发生器　　　　　　　　　　1 个
② 直流信号源　　　　　　　　　　　　2 个
③ 直流稳压电源　　　　　　　　　　　1 个
④ 电子技术实验箱　　　　　　　　　　1 个
⑤ 数字万用表　　　　　　　　　　　　1 个

【注意事项】

① 不要将芯片的正负电源（12 V）接反。
② 直流电源的地线应与集成运算放大器的地线相连接（即共地）。
③ 测量数值时，应使用万用表直流挡。

【实验内容及步骤】

（1）反相比例运算电路（反相比例放大器）

① 按照图 3.2.1 在实验箱上搭接电路，分别用直流信号源和函数信号发生器的输出电压作为电路的输入信号 U_i。

② 按照表 3.2.1 的要求操作，并将测量数据记入表中，计算实测值与理论计算值之间的误差。

（2）反相求和运算电路（反相端加法器）

① 按照图 3.2.2 在实验箱上搭接电路，分别用两个可调直流稳压电源或函数信号发生器的输出电压作为电路的输入信号 U_{i1} 和 U_{i2}。

② 按照表 3.2.2 的要求操作，并将测量数据记入表中，计算实测值与理论计算值之间的误差。

预 习 报 告

班级学号：　　　　　姓名：　　　　　日期：20　　年　　月　　日

一、实验项目： 集成运算放大器的应用（一）

二、实验目的：

三、注意事项：

四、预习内容（原理概述）：

① 反相比例运算电路：

② 反相端加法运算电路：

五、实验电路图：

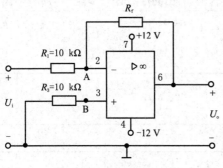

图 3.2.1　反相比例放大器

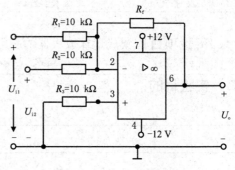

图 3.2.2　加法运算电路

六、实验数据：

表 3.2.1　　　　　　　　反相比例运算放大器的测量表

输入电压	R_f/ kΩ	U_o测量值	U_o理论计算值	A_{uf}测量值	A_{uf}理论计算值	误差
U_i=0.5 V 直流电压	20					
	100					
U_i=200 mV 500 Hz 正弦交流信号	20					
	100					

表 3.2.2　　　　　　　　反相加法运算电路的测量表

输入电压	R_f/ kΩ	U_o测量值	U_o理论计算值	误差
U_{i1}=0.2 V，U_{i2}=0.5 V 直流电压	100			
$U_{i1}=U_{i2}$=200 mV 500 Hz 正弦交流电压	100			

3.3 集成运算放大器的应用（二）

【实验目的】

① 掌握积分电路和微分电路的结构及特点。

② 观察两种电路对不同输入信号的变换作用。

【实验原理简介】

（1）积分电路

用集成运放组成的积分器电路如图 3.3.1 所示，它可实现对积分方程的模拟；同时它也是控制和测量系统中的重要单元，利用它的充放电过程，可以实现延时、定时以及产生各种波形。本实验着重研究积分电路在波形处理方面的应用。

当在积分电路的反相输入端输入为正弦波信号时，由

$$u_o = -\frac{1}{RC}\int u_i \mathrm{d}t$$

$$u_o|_{t=0} = 0$$

设　　$u_i = U_m \sin(\omega t + \varphi)$

可知　$u_o = -\dfrac{1}{RC}\int U_m \sin(\omega t + \varphi)\mathrm{d}t$

$$= -\frac{U_m}{\omega RC}\sin(\omega t + \varphi + 90°)$$

设　　$U'_m = \dfrac{U_m}{\omega RC}$

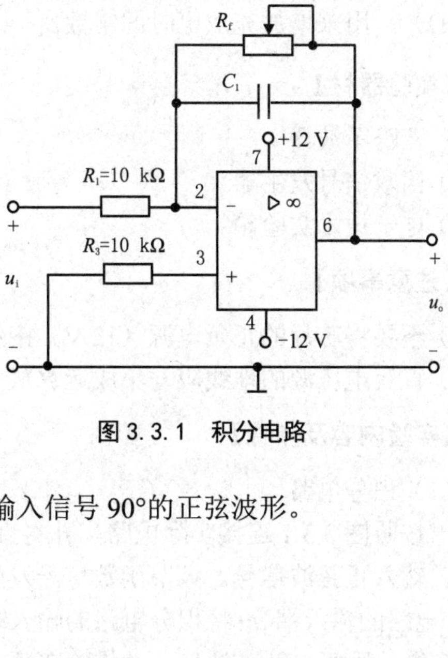

图 3.3.1　积分电路

则有　$u_o = U'_m \sin(\omega t + \varphi + 90°)$

所以，在示波器上看到的输出波形是相位超前输入信号 90°的正弦波形。

如果输入信号是方波信号，由

$$u_o = -\frac{1}{RC}u_i t$$

可知，在方波的一个周期内，电容各充放电一次，在示波器上看到的输出波形是一个锯齿波形。

为使本电路处于线性工作状态，一般常在电路中引入一个电压并联负反馈 R_f，从而限制电路的放大倍数。

（2）微分电路

用集成运放组成的微分电路如图 3.3.2 所示，它可实现对微分方程的模拟运算，同时可以实现波形变换。当反向输入端输入为正弦波信号时，由

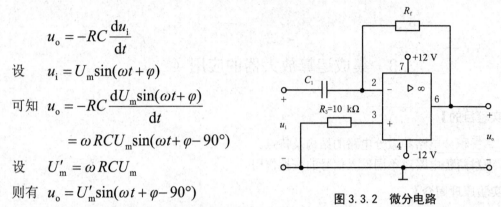

$$u_o = -RC\frac{\mathrm{d}u_i}{\mathrm{d}t}$$

设 $\quad u_i = U_m\sin(\omega t + \varphi)$

可知 $\quad u_o = -RC\dfrac{\mathrm{d}U_m\sin(\omega t + \varphi)}{\mathrm{d}t}$

$\qquad\qquad = \omega RCU_m\sin(\omega t + \varphi - 90°)$

设 $\quad U'_m = \omega RCU_m$

则有 $\quad u_o = U'_m\sin(\omega t + \varphi - 90°)$

图 3.3.2　微分电路

所以，在示波器上看到的输出波形是相位落后输入波形 90° 的正弦波信号。

如果输入为方波信号，且满足条件 $RC \ll T$ 时，在示波器上看到的将是一个尖脉冲。因为由 $u_o = -RC\dfrac{\mathrm{d}u_i}{\mathrm{d}t}$ 可知，当 u_i 等于常数时，$u_o=0$，只有 u_i 在产生正向或负向跳变时，u_o 才能产生相应的负向或正向输出电压。

为了能在示波器中清晰地分辨出正向及负向的脉冲波形，有时在输入端串入一个电阻 R（510 Ω），用来增加充放电时间常数。

【实验器材】

① 双踪示波器　　　　　　　　　　　　1 台

② 函数信号发生器　　　　　　　　　　1 个

③ 电子技术实验箱　　　　　　　　　　1 个

【注意事项】

① 不要将芯片的正负电源（12 V）接反。

② 直流电压源的地线应与集成运算放大器的地线相连接。

【实验内容及步骤】

（1）积分电路

① 按照图 3.3.1 连接实际电路，并将直流电源的"地"接到电路的"地"上。

② 输入正弦波信号。调节函数信号发生器，使之分别输出 500 Hz，1 V 的正弦波，接入积分电路的输入端 u_i；将积分电路的输入端电压 u_i 和输出端电压 u_o 分别接入示波器 CH1，CH2 通道，观察 u_i 和 u_o 波形，并描绘在预习报告的图 3.3.3（a）中。

③ 输入方波信号。调节函数信号发生器，使之输出 500 Hz，1 V 的方波信号，接入积分电路的输入端 u_i；将积分电路的 u_i，u_o 分别接入示波器的 CH1，CH2 通道，观察 u_i，u_o 波形，并描绘在预习报告的图 3.3.3（b）中。

（2）微分电路

按照图 3.3.2 连接实际电路。调节函数信号发生器，使之分别输出为 500 Hz，1 V 的正弦波和方波信号，并分别将其接入微分电路的输入端 u_i；用示波器观察 u_i，u_o 波形，并描绘在预习报告的图 3.3.4（a）（b）中。

预 习 报 告

班级学号：　　　　　　姓名：　　　　　　日期：20　　年　　月　　日

一、实验项目：集成运算放大器的应用（二）

二、实验目的：

_____

_____

三、注意事项：

_____

_____

四、预习内容（原理概述）：

① 积分电路：

_____

_____

_____

_____

_____

② 微分电路：

_____

_____

_____

_____

_____

五、画出实验电路图：

六、实验结果：

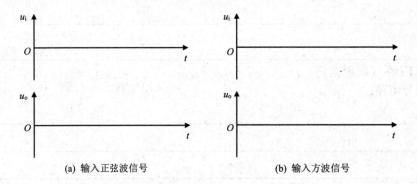

(a) 输入正弦波信号　　　　　　　　(b) 输入方波信号

图 3.3.3　积分电路的输入与输出波形

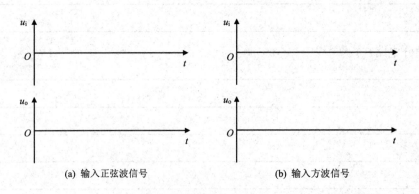

(a) 输入正弦波信号　　　　　　　　(b) 输入方波信号

图 3.3.4　微分电路的输入与输出波形

3.4　集成门电路的性能研究

【实验目的】

① 了解常用 TTL 门电路的引脚排列及使用时的注意事项。

② 掌握 TTL 门电路逻辑功能及其测试方法。

③ 掌握组合逻辑电路的设计方法。

【实验原理简介】

当决定事件的各个条件全部具备后，事件才会发生，这样的因果关系称为"与"逻辑关系，其表达式为 $F=AB$。

当决定事件的各个条件中只要有一个或一个以上具备时，事件就会发生，这样的因果关系称为"或"逻辑关系，其表达式为 $F=A+B$。

决定事件发生的条件只有一个，当条件具备时，事件不会发生；条件不存在时，事件就会发生，这样的因果关系称为"非"逻辑关系，其表达式为 $F=\overline{A}$。

【实验器材】

① 电子技术实验箱	1 个
② TTL 与非门（74LS00）	1 片
③ TTL 或非门（74LS02）	1 片
④ TTL 非门　（74LS04）	1 片
⑤ TTL 与门　（74LS08）	1 片
⑥ TTL 三与非（74LS10）	1 片
⑦ 数字万用表	1 个

【注意事项】

① 集成电路的电源和接地端不能接反，否则将损坏集成电路。

② TTL 门电路的电源电压为 5 V。

③ TTL 门电路的输入端悬空相当于接高电平。

④ TTL 门电路的输出端不能直接与电源或地相接。

⑤ TTL 门电路的输出端不能线与（即并联）。

【实验内容及步骤】

（1）TTL 门电路逻辑功能测试

① TTL 与门逻辑功能测试。任选 74LS08 中的一个与门，按照图 3.4.1 连接电路，将输入端 A，B 分别接电平开关，输出端接电平指示。按照表 3.4.1 的要求，改变输入端 A，B 的逻辑电平状态，将实验数据记录在表 3.4.1 中。根据实验数据，写出输出的逻辑表达式，判

定其逻辑功能。

② 与非门逻辑功能测试。任选 74LS00 中的一个与非门，按照图 3.4.2 连接电路。按照表 3.4.2 操作，记录实验数据。根据实验数据，写出输出的逻辑表达式，判定其逻辑功能。

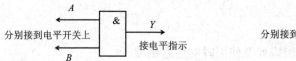

图 3.4.1　与门逻辑功能测试电路　　　　图 3.4.2　与非门逻辑功能测试电路

③ 非门逻辑功能测试。任选 74LS04 中的一个非门，按照图 3.4.3 连接电路。按照表 3.4.3 测试，记录实验数据。根据实验数据，写出输出的逻辑表达式，判定其逻辑功能。

④ 或非门逻辑功能测试。任选 74LS02 中的一个或非门，按照图 3.4.4 连接电路。按照表 3.4.4 的要求测试其逻辑功能，并将测量结果记入表 3.4.4 中。根据实验数据，写出输出的逻辑表达式，判定其逻辑功能。

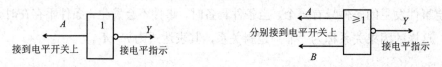

图 3.4.3　非门逻辑功能测试电路　　　　图 3.4.4　或非门逻辑功能测试电路

⑤ 多输入端与非门功能测试。任选 74LS10 中的一个与非门，按照图 3.4.5 连接电路。首先按照表 3.4.5 操作（将输入端 A 接到电平开关上，将输入端 B 和输入端 C 悬空或接高电平），记录实验数据。根据实验数据，写出输出的逻辑表达式；然后按照表 3.4.6 操作（将输入端 A 和 B 接到电平开关上，将输入端 C 悬空或接高电平），记录实验数据。根据实验数据，写出输出的逻辑表达式；最后按照表 3.4.7 操作（将输入端 A，B 和 C 都接到电平开关上），记录实验数据。根据实验数据，写出输出的逻辑表达式。根据以上三组实验数据写出其实验结论。

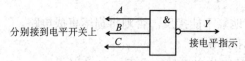

图 3.4.5　多输入端与非门逻辑功能测试电路

（2）设计一个用与非门构成或门的逻辑电路

要求：写出逻辑表达式及推导过程，根据推导结果画出逻辑电路图，验证其逻辑功能的正确性，并将验证结果记录在表 3.4.8 中。

预 习 报 告

班级学号：　　　　　姓名：　　　　　　日期：20　年　月　日

一、实验项目：集成门电路的性能研究

二、实验目的：

① _____ 。

② _____ 。

③ _____ 。

三、注意事项：

① _____ 。

② _____ 。

③ _____ 。

④ _____ 。

⑤ _____ 。

四、预习内容（原理概述）：

当_____，这样的

称为_____，其表达式为_____。

当_____具备

时，_____称为_____，

其表达式为_____。

当_____，当条件具备时，_____；

_____，事件就会发生，这样的_____称为_____关

系，其表达式为_____。

用与非门构成或门的推导过程：_____

_____

五、实验电路图：

画出用与非门构成或门的逻辑电路。

实验结果（数据及结论）：

表 3.4.1 与门功能测试

输	入	输出 Y
A	B	电平状态
0	0	
0	1	
1	0	
1	1	

表 3.4.2 与非门功能测试

输	入	输出 Y
A	B	电平状态
0	0	
0	1	
1	0	
1	1	

表 3.4.3 非门功能测试

输 入	输出 Y
A	电平状态
0	
1	

表 3.4.4 或非门功能测试

输	入	输出 Y
A	B	电平状态
0	0	
0	1	
1	0	
1	1	

表 3.4.5 多输入端与非门功能测试

输		入	输出 Y
A	B	C	电平状态
0	1	1	
1	1	1	

表 3.4.6 多输入端与非门功能测试

输		入	输出 Y
A	B	C	电平状态
0	0	1	
0	1	1	
1	0	1	
1	1	1	

表 3.4.7 多输入端与非门功能测试

输		入	输出 Y
A	B	C	电平状态
0	0	0	
0	0	1	
0	1	0	
0	1	1	
1	0	0	
1	0	1	
1	1	0	
1	1	1	

表 3.4.8 与非门构成或门功能测试

输	入	输出 Y
A	B	电平状态
0	0	
0	1	
1	0	
1	1	

3.5 触发器的研究

【实验目的】

① 掌握 D 触发器、JK 触发器的逻辑功能及测试方法。

② 熟悉触发器之间的相互转换方法。

【实验原理简介】

74LS74 是上升沿触发的双 D 触发器（有清零和置位功能），引脚功能见附录 2.5 节。D 触发器的输出方程为 $Q^{n+1}=D$，其真值表如表 3.5.1 所示。

表 3.5.1　　　　　D 触发器（74LS74）真值表

输　　　　入				输　　　出	
$\overline{S_D}$	$\overline{R_D}$	CP	D	Q^n	Q^{n+1}
0	1	×	×	×	1
1	0	×	×	×	0
0	0	×	×	ϕ	ϕ
1	1	↑	0	0	0
1	1	↑	0	1	0
1	1	↑	1	0	1
1	1	↑	1	1	1

74LS112 是下降沿触发的双 JK 触发器（有清零和置位功能），引脚功能见附录 2.5 节。JK 触发器的输出方程为 $Q^{n+1} = J\overline{Q^n} + \overline{K}Q^n$，其真值表如表 3.5.2 所示。

表 3.5.2　　　　　JK 触发器（74LS112）真值表

输　　　　入					输　　　出	
$\overline{S_D}$	$\overline{R_D}$	CP	J	K	Q^n	Q^{n+1}
0	1	×	×	×	×	1
1	0	×	×	×	×	0
0	0	×	×	×	ϕ	ϕ
1	1	↓	0	0	0	0
1	1	↓	0	0	1	1
1	1	↓	0	1	0	0
1	1	↓	0	1	1	0
1	1	↓	1	0	0	1
1	1	↓	1	0	1	1
1	1	↓	1	1	0	1
1	1	↓	1	1	1	0

【实验器材】

① 电子技术实验箱   1 个

② 集成双 D 触发器（74LS74）   1 片

③ 集成双 JK 触发器（74LS112）   1 片

④ 数字万用表   1 个

【注意事项】

① 集成电路的电源和接地端不能接反，否则将损坏集成电路。

② TTL 门电路的电源电压为 5 V，输出端不能直接与电源或地相接。

③ TTL 门电路的输入端悬空相当于接高电平，输出端不能线与。

④ 为避免干扰，将不用的复位、置位端接到高电平上。

【实验内容及步骤】

（1）D 触发器功能测试

① D 触发器的置位、复位功能测试。按照表 3.5.3 进行测试，将测试结果填入表 3.5.3 中，并判断测试结果是否正确。

表 3.5.3   D 触发器复位、置位功能测试表

CP	D	$\overline{S_D}$	$\overline{R_D}$	Q
×	×	0	1	
×	×	1	0	

② D 触发器逻辑功能测试。先根据表 3.5.1 设计出测试 D 触发器逻辑功能的表格，测试其功能，将测试结果填入自己设计的表格中，并判断测试结果是否正确。

（2）JK 触发器

① JK 触发器的置位、复位功能测试。按照表 3.5.4 进行测试，将测试结果填入表 3.5.4 中，并判断测试结果是否正确。

表 3.5.4   JK 触发器复位、置位功能测试表

CP	J	K	$\overline{R_D}$	$\overline{S_D}$	Q
×	×	×	0	1	
×	×	×	1	0	

② JK 触发器逻辑功能测试。先根据表 3.5.2 设计出测试 JK 触发器逻辑功能的表格，测试其功能，将测试结果填入自己设计的表格中，并判断测试结果是否正确。

（3）触发器应用设计

用 D 触发器设计一个三位二进制加法计数器。

要求：写出真值表；根据真值表画出时序图；画出逻辑电路图；并验证其逻辑功能。

【思考题】

试用触发器设计一个八进制异步减法计数器。

要求：写出真值表；画出时序图和逻辑电路图；搭接所设计的电路；并验证其逻辑功能。

预 习 报 告

班级学号：　　　　　　姓名：　　　　　　日期：20　年　月　日

一、实验项目：

二、实验目的：

①　_____。

②　_____。

③　_____。

三、注意事项：

①　_____

②　_____

③　_____

④　_____

四、预习内容：

五、实验电路图：

六、实验数据：

4 综合设计型实验

4.1 电动机先后启动控制电路的设计

【实验目的】

① 了解两台电动机先后启动控制的基本工作原理。

② 掌握两台电动机先后启动控制电路的设计、安装方法，验证所设计电路的功能。

③ 学会电动机先后控制电路故障的检查方法。

【实验原理】

在机床控制中，主轴电机和其他电机通常都是按照一定顺序启动的，这时一般都是通过交流接触器的触点来实现的。

【设计要求】

利用自动空气开关、交流接触器、热继电器、熔断器和控制按钮，分别按照下列要求设计电动机的主电路和控制电路，要求电路具有短路保护、过载保护、失压和欠压保护等功能。画出主电路和控制电路的电路图，并连接电路，验证其控制过程的正确性。

① 第一台电动机先启动后，第二台电动机才能启动，否则第二台电动机不能启动，且第二台电动机能单独停车。

② 第一台电动机先启动后，第二台电动机才能启动，否则第二台电动机不能启动，且第二台电动机既能长动又能点动。

③ 启动时，第一台电动机先启动后，第二台电动机才能启动；停车时，第二台电动机停车后，第一台电动机才能停车。

【预习要求】

① 自动空气开关、交流接触器、热继电器、熔断器和控制按钮的结构、工作原理以及它们在电路中所起的作用。

② 在电动机控制电路中短路保护、过载保护、失压和欠压保护的实现方法。

③ 了解什么是自锁以及为什么要加自锁电路。

【设计指导】

参考 2.6 节"电动机启停控制"实验的内容。

4.2　电动机定时控制电路的设计

【实验目的】

① 了解两台电动机定时启动控制的基本工作原理。

② 熟悉时间继电器的使用方法。

③ 掌握两台电动机定时启动控制电路的设计、安装方法，验证所设计电路的功能。

【实验原理】

在机床控制中，主轴电机和冷却电机通常都是延时启动的，这时一般都是通过交流接触器的触点来实现。如果还有延时启动要求，可以通过时间继电器来实现。

【设计要求】

利用交流接触器、时间继电器、热继电器和控制按钮，分别按照下列要求设计电动机的主电路和控制电路，要求电路具有短路保护、过载保护、失压和欠压保护等功能。画出主电路和控制电路的电路图，并连接电路，验证其控制过程的正确性。

① 第一台电动机先启动后，经过一定时间延时后，第二台电动机能自行启动。

② 第一台电动机先启动后，经过一定时间延时后，第二台电动机能自行启动。第二台电动机启动后，第一台电动机立即停车。

【预习要求】

① 自动空气开关、交流接触器、热继电器、熔断器和控制按钮的结构、工作原理以及它们在电路中所起的作用。

② 在电动机控制电路中短路保护、过载保护、失压和欠压保护的实现方法。

③ 了解什么是自锁以及为什么要加自锁电路。

④ 了解时间继电器种类、结构和工作原理及使用方法。

【设计指导】

参考 2.6 节和 2.7 节和 4.1 节实验的内容。

【故障检查方法】

① 看。看熔断器内熔丝是否熔断，其他元件有无烧坏、发热、断线，导线连接点是否有松动，电动机的转速是否正常。

② 听。听电动机和其他元器件在运行中声音是否正常，可以帮助寻找故障的部位。

③ 摸。电动机和其他元器件发生故障时，温度显著升高，可切断电源后用手去摸，从而找出故障。

预 习 报 告

班级学号：   **姓名：**   **日期：20 年 月 日**

一、实验项目： 电动机先后启动控制电路的设计

二、实验目的：

① _____。

② _____。

③ _____。

三、注意事项（同实验 2.6）：

① _____。

② _____。

③ _____。

④ _____。

⑤ _____。

四、画出两台电动机先后启动控制的主电路：

五、画出符合设计要求①的控制电路图：

第一台电动机先启动后，第二台电动机才能启动，否则第二台电动机不能启动，且第二台电动机能单独停车。

六、画出符合设计要求②的控制电路图：

第一台电动机先启动后，第二台电动机才能启动，否则第二台电动机不能启动，且第二台电动机既能长动又能点动。

七、画出符合设计要求③的控制电路图：

启动时，第一台电动机先启动后，第二台电动机才能启动；停车时，第二台电动机停车后，第一台电动机才能停车。

预 习 报 告

班级学号：　　　　**姓名：**　　　　　**日期：20　年　月　日**

一、实验项目： 电动机定时控制电路的设计

二、实验目的：

①　_____。

②　_____。

③　_____。

三、注意事项（同实验 2.6）：

①　_____。

②　_____。

③　_____。

④　_____。

⑤　_____。

四、画出两台电动机定时启动控制的主电路：

五、画出符合设计要求①的控制电路图：

第一台电动机先启动后，经过一定时间延时后，第二台电动机能自行启动。

六、画出符合设计要求②的控制电路图：

第一台电动机先启动后，经过一定时间延时后，第二台电动机能自行启动。第二台电动机启动后，第一台电动机立即停车。

4.3　模拟路灯控制电路设计

【设计目的】

① 了解集成运算放大器或电压比较器在光控方面的应用，掌握电路的设计方法。

② 通过本设计，提高对学过知识的综合应用能力。

【设计要求】

① 利用学过的集成运算放大器、三极管开关电路、继电器放大作用和其他相关的器件设计一个光控电路。要求在光线暗到一定程度时，能自动点亮路灯；而当光线亮到一定程度时，路灯自动熄灭（出于安全考虑，本设计用发光二极管模拟路灯）。

② 选择集成运算放大器的型号和正负电源电压。

③ 选择 $R_1 \sim R_6$ 阻值的大小及光敏电阻的型号及参数。

④ 选择二极管和三极管及继电器的型号。

【预习要求】

预习三极管放大电路、集成运算放大器、电压比较器和继电器等部分内容。

【设计指导】

电压比较器就是将一个模拟量的电压信号去和一个参考电压比较，在二者幅度相等时，输出电压将产生跃变。集成运放的开环放大倍数越高，输出状态转换时的特性愈陡，其比较精度就高。输出反应的快速性与运放的上升速率和增益带宽均有关，所以，应该选择上述两相指标都高的运算放大器来组成比较电路。此外，各厂家还生产专用的集成比较器，例如 LM339 和 LM393 等，使用更为方便。

电压比较器进行信号幅度比较时，输入信号是连续变化的模拟量，但输出电压只有两种状态：高电平和低电平，所以，集成运放通常工作在非线性区。从电路构成来看，运放经常处于开环状态，有时，为了使输入、输出特性在转换时更加陡直，以提高比较精度，也在电路中引入正反馈。

本设计所用的比较器是常用的幅度比较电路，其控制电路如图 4.3.1。首先将反相输入端的电位固定在某一数值，同相输入端的电位随着光强度变化而变化。当同相输入端的电位大于反相输入端的电位时，比较器输出正电压，则三极管导通，继电器的线圈通电，其常开触点闭合，将被控制的路灯点亮。同理，当同相输入端的电位小于反相输入端的电位时，比较器输出负电压，则三极管截止，继电器的线圈断电，其常开触点断开，被控制的路灯不亮。

由于本设计电路中的集成运放芯片处于开环状态，具有很高的增益，当同相输入端与反相输入端的电位稍有差别时，集成运放的输出状态就要改变，所以本电路具有较高的灵敏度。

在自动控制电路中，一般都要有一个将被控制的非电量转化成电量的相应的传感器，本实验是一个光控路灯模拟电路，采用的是将光信号转化成电信号的光敏电阻。

光敏电阻可分为对紫外光灵敏的光敏电阻（其本征光电导体材料，如 CdSe）、对可见光灵敏的光敏电阻（其本征光电导体材料，如 CdS，CdSe）、对红外光灵敏的光敏电阻（其本征光电导体材料，如 PbS，PbSe，PbTe 等）。光敏电阻的阻值随着光强度的增强而减小。

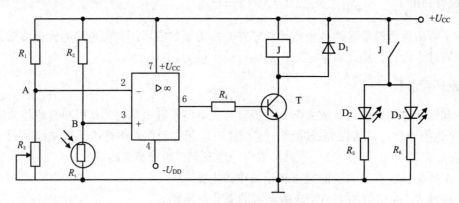

图 4.3.1　模拟路灯控制电路

本设计采用对可见光灵敏的光敏电阻，当光的强度变弱时，其电阻增大，同相输入端的电位升高。当升到大于反相输入端的电位时，集成运放的输出电压由-U_{DD}变成+U_{CC}，三极管导通，继电器线圈得电，常开触头闭合，将所控制的灯泡点亮。

为了给继电器线圈提供一个放电回路，通常在继电器两端并入一只二极管，以保护三极管。避免三极管在由导通变为截止时，继电器线圈产生的感应电动势使三极管击穿。

【安装与调试】

① 按照自己设计的电路图搭接电路。

② 接通电源，调节 R_3，使 A 点的电位略大于 B 点的电位。此时测量电压比较器的输出电压应为-U_{DD}，路灯不亮。

【功能验证】

① 遮挡光敏电阻 R_t 的受光面，模拟光线变暗，此时测量电压比较器的输出电压应为+U_{CC}，路灯被点亮。

② 当光敏电阻 R_t 受光面的光线变化到一定亮度时，此时测量电压比较器的输出电压为-U_{CC}，路灯熄灭。

4.4　简易信号发生器电路设计

【实验目的】

① 了解正弦波振荡电路的组成及工作原理。

② 掌握使电路产生振荡的调整方法和振荡频率的测量方法。

【设计要求】

利用学过的集成运算放大器设计一个正弦波产生电路。要求选择元件参数，调试并观察所产生的波形，测量正弦波的频率和电压。

【设计指导】

正弦波振荡电路由放大、反馈、选频和稳幅环节组成，电路如图 4.4.1 所示。

本振荡器电路的放大环节由 μA741 芯片构成，其放大倍数由 R_4 和 R_3+R_w 决定，选频网络由 RC 元件组成，振荡频率 $f_0=1/(2\pi RC)$。由于受到放大器件输入、输出阻抗以及极间电容的限制，f_0 不能太高，一般可做到 1 MHz，低频可达 1 Hz 以下。由于放大环节采用的是 μA741 芯片，其输入电阻比较大，而输出电阻比较小，致使选频网络受到放大环节的影响很小，增加了该振荡电路的带负载能力。

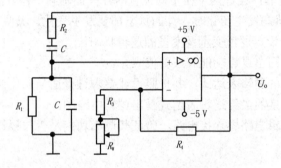

图 4.4.1　RC 正弦波振荡电路

当振荡电路的电源刚接通时，电路中出现一个电冲击，由于这种扰动的不规则性，因此它包含着频率范围很宽的各次谐波，其中只有符合相位平衡条件的振荡频率 f_0 被选频网络选中，并建立起稳定的振荡，不符合振荡条件的谐波都逐渐衰减而最终消失。

要使振荡器振荡，必须满足振荡条件 $|\dot{A}F|=1$。电路中必须有正反馈环节，使相角等于 $2n\pi$。如果要求能够自行起振，开始时必须满足 $|\dot{A}F|>1$，对于 RC 振荡电路来讲，$|\dot{A}|>3$，然后在建立振荡过程中，随着振幅的增大，由于受到非线性元件的限制，使 AF 值逐渐下降，最后达到 $|\dot{A}F|=1$，处于等幅振荡状态。

测量振荡电路的振荡频率可用示波器观测或直接用频率计测量。

【注意事项】

① 不要将芯片的正负电源（5 V）接反。

② 直流电压源的地线应与集成运算放大器的地线相连接。

【思考题】

① 如果振荡电路放大环节的电压放大倍数很大，将对振荡电路产生什么影响？

② 如果振荡电路输出信号幅度达不到要求，应采取什么样的补偿措施？

4.5 组合逻辑电路设计（一）

【实验目的】

① 进一步地学习组合逻辑电路设计方法。

② 用实验验证所设计电路的逻辑功能。

③ 通过电路设计，培养分析和解决实际问题的能力。

【设计要求】

用一片 74LS00 与非门设计两个在不同位置的开关控制同一盏灯的电路。其功能为：当其中任意一个开关的状态发生变化时，灯的状态都要发生变化。其具体要求如下：

① 根据设计要求设定逻辑变量及变量的逻辑状态。

② 根据设计要求写出逻辑功能表（真值表）。

③ 写出输出变量的逻辑表达式，并按照设计要求进行适当的化简和逻辑变换。

④ 根据化简和变换的最终逻辑表达式画出逻辑电路图。

⑤ 根据设计的逻辑电路图连接电路，验证其逻辑功能是否与设计要求相符合。

【预习要求】

① 预习 74LS00 集成门电路的引脚排列及逻辑功能。

② 掌握组合逻辑电路的设计方法。

③ TTL 集成电路引脚及功能见附录 2.5 节。

【实验器材】

① 电子技术实验箱　　　　　　　　　　　　1 个

② 数字万用表　　　　　　　　　　　　　　1 个

③ 二输入端四与非门（74LS00）　　　　　　1 片

【设计指导】

① 根据设计要求设定输入逻辑变量和输出逻辑变量及变量状态。

② 根据设计要求列出真值表，根据真值表写出输出变量的逻辑表达式。

③ 根据给定的逻辑门电路化简或变换逻辑表达式。

④ 根据化简或变换后的逻辑表达式画出逻辑电路图。

【功能验证】

按照所设计的逻辑电路图连接电路，将输入端分别接到两个电平开关上，输出端接 LED 电平指示灯，按照所列的真值表验证其逻辑功能。

预 习 报 告

班级学号：　　　　　　**姓名：**　　　　　　**日期：20　年　月　日**

一、实验项目：组合逻辑电路设计（一）

二、实验目的：

① _____ 。

② _____ 。

③ _____ 。

三、注意事项（同实验 3.4）：

① _____ 。

② _____ 。

③ _____ 。

④ _____ 。

⑤ _____ 。

四、预习内容（设计过程）：

_____

_____

_____

_____

_____

_____

五、实验电路图：

画出符合设计要求的逻辑电路图。

六、实验数据（真值表）：

输　　　入		输　出　Y
A	B	电平状态

4.6 组合逻辑电路设计（二）

【实验目的】

① 掌握组合逻辑电路的设计方法。
② 用实验验证所设计电路的逻辑功能。

【设计要求】

用与非门设计一个三人表决器电路，如 A，B，C 三个人中有两个或三个表示同意，则表决通过，否则为不通过。要求：
① 根据设计要求设定逻辑变量及变量的逻辑状态。
② 根据设计要求写出逻辑功能表（真值表）。
③ 写出输出变量的逻辑表达式，并按照设计要求进行适当的化简和逻辑变换。
④ 根据化简和变换的最终逻辑表达式画出逻辑电路图。
⑤ 根据设计的逻辑电路图连接电路，验证其逻辑功能是否与设计要求相符合。

【预习要求】

① 组合逻辑电路的设计方法。
② 本实验的全部内容。

【实验器材】

① 电子技术实验箱   1 个
② 数字万用表   1 个
③ 二输入端四与非门（74LS00）   1 片
④ 三输入端三与非门（74LS10）   1 片

【设计指导】

根据提出的实际问题，设计出实现这一逻辑功能的最简单的逻辑电路，这就是设计组合逻辑电路时要完成的工作。组合逻辑电路设计的一般步骤如下。

① 根据实际问题提出的逻辑功能要求设定输入逻辑变量和输出逻辑变量，并定义变量状态。

② 列出真值表。设计组合逻辑电路时，通常先对命题要求的逻辑功能进行分析，确定哪些因素为输入变量、哪些因素为输出变量，要求它们具有何种关系，并设定变量状态，即确定什么情况下为逻辑"1"，什么情况下为逻辑"0"。根据逻辑功能列出真值表，见表4.6.1。

③ 根据真值表写出符合设计要求的逻辑表达式。

④ 根据给定或自选的逻辑门电路化简或变换逻辑表达式。

⑤ 根据化简或变换后的逻辑表达式画出逻辑电路图。

⑥ 按照设计要求及真值表验证其逻辑功能。

表 4.6.1 　　　　三人表决器真值表

A	B	C	Y
0	0	0	0
0	0	1	0
0	1	0	0
0	1	1	1
1	0	0	0
1	0	1	1
1	1	0	1
1	1	1	1

【注意事项】

① 集成电路的电源和接地端不能接反，否则将损坏集成电路。

② TTL 门电路的电源电压为 5 V。

③ TTL 门电路的输入端悬空相当于接高电平。

④ TTL 门电路的输出端不能直接与电源或地相接。

⑤ TTL 门电路的输出端不能线与。

【功能验证】

在完成设计任务后，要对所设计的电路进行验证，看其是否符合设计要求，功能验证步骤如下：

① 按照所设计的逻辑电路图连接电路。

② 按照真值表依次改变输入变量的状态，测量相应的输出量，检验其是否符合设计要求。

本实验功能验证的具体方法如下：将 74LS00 和 74LS10（或 74LS20）插在数字实验箱的引脚座上，并接上+5 V 电源，将输入信号 A，B，C 分别接到电平开关，输出接 LED 电平指示灯。灯亮为 1，灯灭为 0。按照所设计电路接线以及所列的真值表验证其逻辑功能。

【思考题】

① 整理实验数据、图表，编写实验步骤，并对实验结果进行分析讨论。

② 总结组合逻辑电路的分析方法。

预 习 报 告

班级学号：　　　　　姓名：　　　　　日期：20　年　月　日

一、实验项目：组合逻辑电路设计（二）

二、实验目的：

① _____。

② _____。

三、注意事项（同实验3.4）：

① _____。

② _____。

③ _____。

④ _____。

⑤ _____。

四、预习内容（设计过程）：

_____

_____

_____

_____

_____

_____

_____

_____

_____

_____

_____

五、实验电路图：

画出符合设计要求的逻辑电路图。

六、实验数据（真值表）：

输　　入			输　出 Y
A	B	C	电平状态

4.7　集成计数器的应用设计

【实验目的】

① 掌握中规模集成计数器的引脚功能及使用方法。

② 掌握中规模集成电路构成任意进制计数器的设计方法。

③ 用实验验证所设计电路逻辑功能的正确性；通过电路设计，培养分析问题和解决问题的能力。

【设计要求】

① 利用 74LS161 和 74LS00 构成十进制计数器（采用反馈复零法）。

② 利用两片 74LS161 和一片 74LS00 构成六十进制计数器。

要求：·根据设计要求写出计数器的功能表（真值表）；

　　　·画出符合设计要求的计数器电路图；

　　　·根据设计的电路图连接电路，验证其逻辑功能是否与设计要求相符合。

【预习要求】

① 74LS161 集成电路的引脚排列、逻辑功能及使用方法。

② 掌握集成计数器应用电路的设计方法。

【实验器材】

① 电子技术实验箱	1 个
② 集成计数器 74LS161	2 片
③ 集成与非门 74LS00	1 片
④ 数字万用表	1 个

【设计指导】

（1）74LS161 简介

74LS161 是四位二进制同步计数器（异步清除），其功能如表 4.7.1 所示，引脚功能见附录 2.5 节。

74LS161 带有可预置数据输入端。在电路中，为了能在多级连接应用时比较灵活，还有两个计数允许输入端 EP 和 ET。它们的作用是当 $EP=1$，$ET=1$，且 $\overline{L}_D$ 为高电平时，允许计数器进行正常计数。而当 EP，ET 中有一个为 0 时，计数器禁止计数，保持原有计数状态，但这时可以进行预置。当 $\overline{L}_D$ 为低电平时，在计数脉冲作用下，将数据输入端 D_0，D_1，D_2，D_3 的数据送到计数器的输出端。清零端加低电平，可将计数器清零。

表 4.7.1   **74LS161 真值表**

输 入					输 出
CP	$\overline{L_D}$	$\overline{R_D}$	EP	ET	Q
×	×	0	×	×	全 "0"
↑	0	1	×	×	预置数据
↑	1	1	1	1	计数
×	1	1	0	×	保持
×	1	1	×	0	保持

（2）利用一片计数器 74LS161 构成 N 进制计数器（$N \leqslant 16$）

用反馈复零法。它是利用 74LS161 的清零端，将计数器复位的一种方法。由于 74LS161 是异步清零复位的，因此反馈的数值应等于进制数。其逻辑电路如图 4.7.1 所示。

实际上，计数器和分频器的逻辑功能相同。一般来说，N 进制计数器的进位输出脉冲就是计数脉冲的 N 分频。因此计数器又可作为分频器。

用一片 74LS161 可以获得 15 以内的各种分频电路，如果把 74LS161 电路多级连接后，可以获得任意数的分频器。如果将两片 74LS161 级连，可以作为数 255 以内的任意分频器。因为一片 74LS161 是十六进制的，两片串联后最大可构成 $16 \times 16 = 256$ 进制计数器。如果再用预置数或反

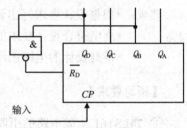

图 4.7.1   反馈复零法电路

馈电路，就可构成数 255 以内的任意分频器。例如，欲构成分频为 125 的分频器，则需要预置数为 256-125=131，131=128+3，权为 128，2，1。因此，$2Q_D$，$1Q_B$，$1Q_A$ 输入端要接高电平，而其他各端应接低电平。分频输出可由 $2R_{CO}$ 经倒相后送出。

【注意事项】

① 集成电路的电源和接地端不能接反，否则将损坏集成电路。

② 为避免干扰，将不用的复位端或置数控制端位接到高电平上。

【功能验证】

将 74LS00 和 74LS161 插在数字实验箱的引脚座上，并接上 +5 V 电源，按照所设计电路接线，将 CP 输入端分别输入单脉冲和连续脉冲，输出端接译码驱动及显示电路或 LED 电平指示灯。观察显示情况，验证其逻辑功能。

【思考题】

① 用 74LS161 实现七进制计数器，画出逻辑电路图。

② 用两片 74LS161 实现 24 进制加法计数器，画出逻辑电路图。

预 习 报 告

班级学号：　　　　　　**姓名：**　　　　　　**日期：20　年　月　日**

一、实验项目：集成计数器的应用设计

二、实验目的：

　　①　_____

　　　　_____。

　　②　_____。

三、注意事项：

　　①　_____。

　　②　_____。

　　③　_____。

　　④　_____。

　　⑤　_____。

四、预习内容（74LS161 功能）：

输　　　　入					输　　出
CP	$\overline{L}_D$	$\overline{R}_D$	EP	ET	Q
					全"0"
					预置数据
					计数
					保持
					保持

五、实验电路图：

根据设计要求完成下面逻辑电路图。

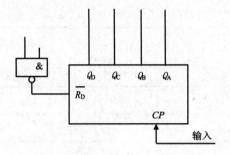 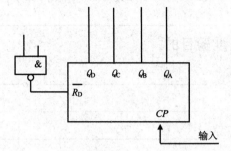

六、实验数据（真值表）：

CP	Q_D	Q_C	Q_B	Q_A	十进制数
1					1
2					2
3					3
4					4
5					5
6					6
7					7
8					8
9					9
10					0

4.8 综合设计

【实验目的】

① 了解数字电子钟的基本工作原理和简单设计方法。

② 熟悉中规模集成电路和半导体显示器件的使用方法。

③ 掌握简单数字系统的综合设计、安装及调试方法,验证所设计的数字电子钟的功能。

【实验原理】

数字电子钟电路由振荡器、分频器、秒计数器、分计数器、时计数器组成。工作时,振荡器产生频率稳定的脉冲信号,分频后,得到标准的秒脉冲信号,并送秒计数器。当秒计数器计满 60 s 时,输出秒进位脉冲,送分计数器计数;当分计数器计满 60 min 时,输出分进位脉冲,送时计数器计数;当时计数器计满 24 h 后,时、分、秒计数器同时自动复零。

【设计要求】

用中、小规模集成电路设计并制作一台能显示 "时" "分" "秒" 的数字电子钟,时以二十四进制进行计时,分、秒为六十进制。

【实验器材】

① 电子技术实验箱   1 个

② 集成计数器（74LS160）   3 片

③ 集成计数器（74LS161）   3 片

④ 集成计数器（CD4511）   6 片

⑤ 集成与非门（74LS00）   2 片

⑥ 时基电路（NE555）   1 个

⑦ 石英晶体振荡器（100k）   1 个

⑧ 七段数码管   2 个

⑨ 电阻、电容   若干

⑩ 数字万用表   1 个

【设计指导】

数字电子钟是采用数字电路实现对"时""分""秒"数字显示的计时装置。一般地,一个简单的数字电子钟应由振荡、分频、计数和显示四部分组成,整体框图如图 4.8.1 所示。

（1）振荡器

振荡器是用来产生标准时间信号的电路。图 4.8.2 为石英晶体振荡器电路原理图,图 4.8.3 为 555 定时器振荡器电路原理图,若选 R_1=10 kΩ, R_2=1.5 kΩ, C=0.47 μF,则可近似得到频率为 1 Hz 的时标信号。

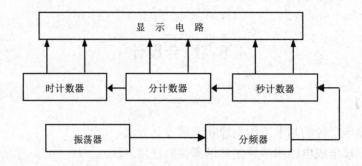

图 4.8.1   数字电子钟的基本工作原理方框图

（2）分频器

将图 4.8.2 振荡器产生的较高频率的时钟信号进行分频，以得到计数器所需的"秒"信号，石英晶体振荡器输出的频率 f_0=100 kHz，经过 5 级十分频电路，便可得到每秒振荡一次的输出脉冲信号。

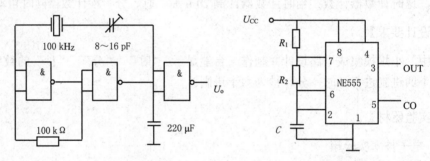

图 4.8.2   石英晶体振荡器电路   图 4.8.3   555 定时器振荡器电路

（3）计数器

① 六十进制计数器。六十进制计数器由 74LS161、74LS160 和 74LS00 组成，电路如图 4.8.4 所示。

② 二十四进制计数器。二十四进制计数器由 74LS161、74LS160 和 74LS00 组成。其电路如图 4.8.5 所示。

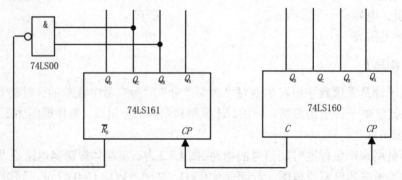

图 4.8.4   六十进制计数器电路

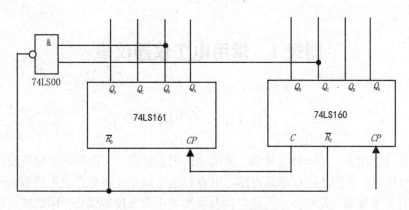

图 4.8.5 二十四进制计数器电路

③ 译码与显示电路。译码是对给定的代码进行翻译，本设计是将时、分、秒计数器输出的四位二进制数代码翻译为相应的十进制数，并通过显示器 LED 七段数码管显示，通常显示器与译码器是配套使用的。本设计选用的七段译码驱动器（CD4511）和数码管（LED）采用共阳极接法。其应用电路如图 4.8.6 所示。

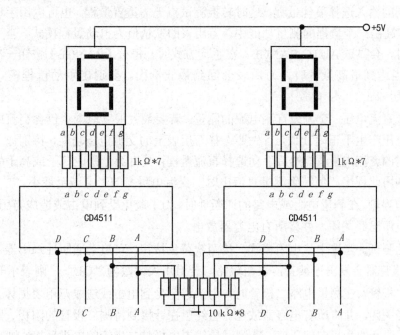

图 4.8.6 译码显示电路

附录 1　常用电工仪器仪表

附 1.1　万用表

万用表又称三用表，是一种多量程、多用途的电工仪表。可以用它来测量交流和直流的电压、电流与电阻，有的还可以测量电感、电容和电平以及三极管直流电流放大倍数等。由于万用表具有灵敏度高、量程多、用途广以及使用和携带方便等优点，因此被广泛采用。下面介绍 FLUKE15B 型数字万用表。

① 电池的省电模式。若连续 30 min 既未使用万用表也没有输入信号，则万用表将进入"睡眠模式"，显示屏呈空白。按任何按钮或转动旋转开关，唤醒万用表。要禁用"睡眠模式"，在开启万用表的同时，按下黄色按钮。

② 手动量程及自动量程。万用表有手动及自动量程两种选择。在自动量程模式内，万用表会为检测到的输入选择最佳量程。这时转换测试点无需重置量程。也可以用手动的方式选择量程。在有超出一个量程的测量功能中，万用表的默认值为自动量程模式。当万用表在自动量程模式时，会显示 AUTO RANGE。在手动方式时，每按【RANGE】按钮一次，会递增一个量程。当达到最高量程时，万用表会回到最低量程。要退出手动量程模式，按住【RANGE】按钮 2 s。

③ 交流或直流电压、交流或直流电流的测量。若要最大限度地减少包含交流或直流电压元件的未知电压产生不正确读数，首先要选择万用表上的交流电压功能，特别记下产生正确测量结果所需的交流电量程。然后手动选择直流量程，其直流量程应等于或高于先前记下的交流量程。利用此程序，使精确测量直流电时，交流电瞬变的影响减至最小。

④ 电阻的测量。在测量电阻或电路的通断性时，为了避免受到电击或造成万用表损坏，请确保电路的电源已经关闭，并将所有电容器放电。

⑤ 通断性测试。当选中了电阻模式，按两次黄色按钮，可启动通断性蜂鸣器。若电阻不超过 50 Ω，蜂鸣器会发出连续音，表明短路。若万用表读数为"OL"，则表示开路。

⑥ 测试二极管。在测量电路二极管时，为了避免受到电击或造成万用表损坏，请确保电路的电源已经关闭，并将所有电容器放电。将红色探针接到待测二极管的阳极、黑色探针接到阴极，显示屏上的为正向偏压值。若测试导线的电极与二极管的电极反接，则显示屏读数会是"OL"。这可以用来区分二极管的阳极和阴极。

⑦ 测试电容。为了避免损坏万用表，在测量电容前，请断开电路电源，并将所有高压电容器放电。

用探针接触电容器导线，待读数稳定后（长达 15 s），阅读显示屏上的电容值。

⑧ 测试保险丝。为了避免受到电击或人员伤害，在更换保险丝前，请先取下测试导线。将旋转开关转到 Ω 挡位，将测试导线插入 V 端子，并用探针接触 A 或 mA 或 μA 端子，

若读数介于 0 Ω 至 0.1 Ω 之间,则证明 A 端子保险丝是完好的;若读数介于 0.99 kΩ 至 1.01 kΩ 之间,则证明 mA 或 μA 端子保险丝是完好的;若显示读数为"OL",请更换保险丝后,再测试。

附 1.2 示波器

示波器是常用的图形显示和测量仪器之一。可以用它来观察、测量电压(或经转换为电压的电流)的波形、幅值、频率和相位等,是实验中不可缺少的仪器。示波器的种类有很多,本书只对 SDS1072CM 数字存储示波器进行简单介绍。

附 1.2.1 前面板和用户界面简介

（1）前面板

示波器前面板上包括旋钮和功能按键。显示屏右侧的一列 5 个灰色按键为菜单操作键,通过它们,用户可以设置当前菜单的不同选项。其他键为功能键,通过它们,用户可以进入不同的功能菜单或直接获得特定的功能应用。示波器前面板结构如附图 1.2.1 所示。

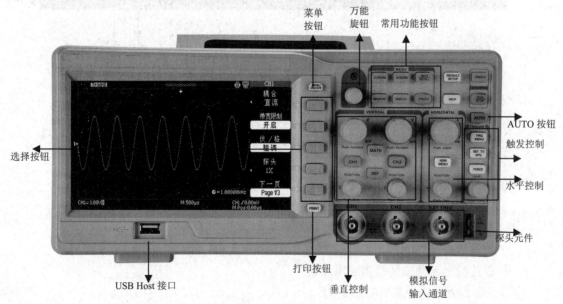

附图 1.2.1 前面板

（2）用户界面

用户界面及标注含义如附图 1.2.2 所示。

①触发状态

Armed:已配备。示波器正在采集预触发数据。在此状态下,忽略所有触发。

Ready:准备就绪。示波器已采集所有预触发数据并准备接受触发。

Trig'd:已触发。示波器已发现一个触发并正在采集触发后的数据。

Stop：停止。示波器已停止采集波形数据。

Auto：自动。示波器处于自动模式并在无触发状态下采集波形。

Scan：扫描。在扫描模式下示波器连续采集并显示波形。

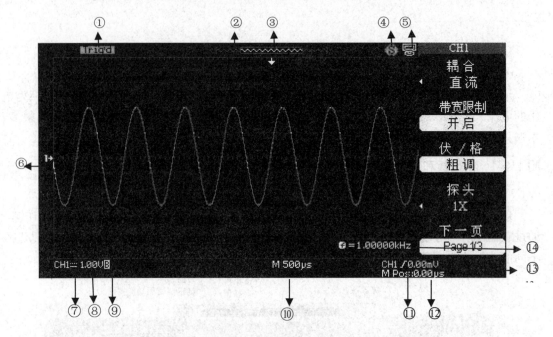

附图 1.2.2　界面显示区

② 显示当前波形窗口在内存中的位置。

③ 使用标记显示水平触发位置。

④ 🅿【打印钮】选项选择【打印图像】；

　　🆂【打印钮】选项选择【储存图像】。

⑤ 🖥【后 USB 口】设置为【计算机】；

　　🆂【后 USB 口】设置为【打印机】。

⑥ 显示波形的通道标志。

⑦ 信号耦合标志。

⑧ 以读数显示通道的垂直刻度系数。

⑨ B 图标表示通道是带宽限制的。

⑩ 以读数显示主时基设置。

⑪ 显示主时基波形的水平位置。

⑫ 采用图标显示选定的触发类型。

⑬ 触发电平线位置。

⑭ 以读数显示当前信号频率。

附 1.2.2　功能介绍及操作

（1）菜单和控制按钮

数字存储示波器的功能及使用方法，整个操作区域的菜单和控制按钮功能如附表 1.2.1 所示。

附表 1.2.1 　　　　　　　　　　　　菜单和控制按钮的功能

CH1 和 CH2	显示通道 1、通道 2 设置菜单
MATH	显示【数学计算】功能菜单
REF	显示【参考波形】菜单
HORI MENU	显示【水平】菜单
TRIG MENU	显示【触发】控制菜单
SET TO 50%	设置触发电平为信号幅度的中点
FORCE	无论示波器是否检测到触发，都可以使用【FORCE】按钮完成对当前波形的采集。该功能主要应用于触发方式中的【正常】【单次】
SAVE/FECALL	显示设置和波形的【存储/调出】菜单
ACQUIRE	显示【采样】菜单
MEASURE	显示【自动测量】菜单
CURSORS	显示【光标】菜单。当显示【光标】菜单且无光标激活时，【万能】旋钮可以调整光标的位置。离开【光标】菜单后，光标保持显示（除非【类型】选项设置为【关闭】），但不可调整
DISPLAY	显示【显示】菜单
UTILITY	显示【辅助系统】功能菜单
DEFAULT SETUP	调出厂家设置
HELP	进入在线帮助系统
AUTO	自动设置示波器控制状态
RUN/STOP	连续采集波形或停止采集。注意：在停止状态下，对于波形垂直挡位和水平时基，可以在一定范围内调整，即对信号进行水平或垂直方向上的扩展
SINGLE	采集单个波形，然后停止

（2）自动设置

数字存储示波器具有自动设置的功能。根据输入的信号，可以自动调整电压挡位、时基和触发方式，以显示波形最好形态。【AUTO】按钮为自动设置的功能按钮。

自动设置也可在刻度区域显示几个自动测量结果，这取决于信号类型。【AUTO】自动设置基于以下条件确定触发源：

① 若多个通道有信号，则具有最低频率信号的通道作为触发源。

② 未发现信号，则将调用自动设置时所显示编号最小的通道作为触发源。

③ 未发现信号并且未显示任何通道，示波器将显示并使用通道 1。

（3）默认设置

示波器在出厂前被设置为用于常规操作,即默认设置。

【DEFAULT SETUP】按钮为默认设置的功能按钮,按下【DEFAULT SETUP】按钮调出厂家多数的选项和控制设置,有的设置不会改变。

（4）万能旋钮

有一个特殊的旋钮叫【万能】旋钮,此旋钮具有以下功能：

当旋钮上方灯不亮时，旋转旋钮可调节示波器波形亮度；在 PASS/FAIL 功能中，调节规则的水平和垂直容限范围；在触发菜单中，设置释抑时间、脉宽；光标测量中调节光标位置；视频触发中设置指定行；波形录制功能中录制和回放波形帧数的调节；滤波器频率上下限的调整；各个系统中调节菜单的选项；存储系统中，调节存储/调出设置、波形、图像的存储位置。

附1.2.3 应用示例

本节主要介绍几个应用示例，这些简化示例重点说明了示波器的主要功能，供用户参考，以用于解决实际的测试问题。

（1）简单测量

观测电路中一未知信号，迅速显示和测量信号的频率与峰-峰值。

① 使用自动设置。要快速显示该信号，可以按照如下步骤进行：

按下【CH1】按钮，将探头选项衰减系数设定为10×，并将探头上的开关设定为10×。将通道1的探头连接到电路被测点。

按下【AUTO】按钮，示波器将自动设置垂直、水平、触发控制。若要优化波形的显示，可在此基础上手动调整上述控制，直至波形的显示符合要求。

② 进行自动测量。示波器可以自动测量大多数的显示信号。要测量信号的频率、峰-峰值，可以按照如下步骤进行：

A. 测量信号的频率：

- 按【MEASURE】按钮，显示自动测量菜单。
- 按下顶部的选项按钮。
- 按下【时间测试】选项按钮，进入时间测量菜单。
- 按下【信源】选项按钮，选择信号输入通道。
- 按下【类型】选项按钮，选择【频率】。

相应的图标和测量值会显示在第三个选项处。

B. 测量信号的峰-峰值：

- 按下【MEASURE】按钮，显示自动测量菜单。
- 按下顶部的选项按钮。
- 按下【电压测试】选项按钮，进入电压测量菜单。
- 按下【信源】选项按钮，选择信号输入通道。
- 按下【类型】选项按钮，选择【峰-峰值】。

相应的图标和测量值会显示在第三个选项处。

（2）光标测量

使用光标可以快速地对波形进行时间和电压测量。

附1.3 函数信号发生器

函数信号发生器是用来产生一定频率和一定电压幅度函数信号的电子仪器。函数信号发生器的种类有很多，本书针对SG1020E型双路数字信号发生器进行简单介绍。SG1020E系列高性能函数/任意波形发生器采用直接数字合成（DDS）技术，可生成精确、稳定、纯净、低失真的输出信号，还能提供高达25 MHz、具有快速上升沿和下降沿的方波。

附 1.3.1　面板结构及用户界面

（1）前面板简介

SG1020E 系列函数/任意波形发生器向用户提供了明晰、简洁的前面板，如附图 1.3.1 所示。前面板包括 3.5 英寸 TFT-LCD 显示屏、参数操作键、波形选择键、数字键盘、模式/辅助功能键、方向键、旋钮和通道切换键。

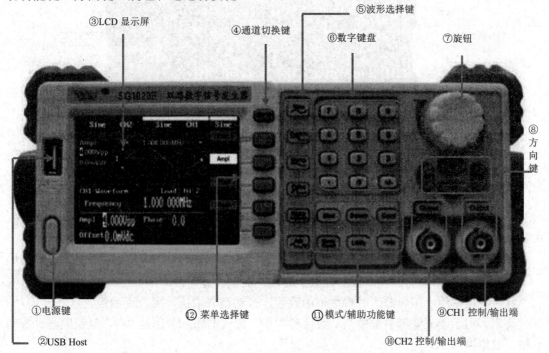

③LCD 显示屏　④通道切换键　⑤波形选择键　⑥数字键盘　⑦旋钮　⑧方向键

①电源键　②USB Host　⑫菜单选择键　⑪模式/辅助功能键　⑨CH1 控制/输出端　⑩CH2 控制/输出端

附图 1.3.1　SG1020E 前面板

（2）用户界面简介

SG1020E 系列函数/任意波形发生器的常规显示界面如附图 1.3.2 所示。主要包括通道显示区、波形显示区、参数显示区和操作菜单区。通过操作菜单区可以选择需要更改的参数（如频率/周期、幅值/高电平、偏移量/低电平、相位等）来输出所需要的波形。

如附图 1.3.2 所示，在④参数显示区中包括 Frequency（频率）、Ampl（幅值）、Phase（相位）和 Offset（偏移量）等参数，用户可在②操作菜单显示区中通过数字键、旋钮、方向键和对应的功能键来修改相应的参数值。

（3）波形选择设置

在操作界面左侧有一列波形选择按键，从上到下分别为正弦波、方波、锯齿波/三角波、脉冲串、白噪声和任意波。

（4）调制/扫频/脉冲串设置

在 SG1020E 系列信号源发生器的前面板有 3 个按键，分别为调制、扫频、脉冲串设置功能按键。

（5）通道输出控制

在 SG1020E 系列数字方向键的下面有 2 个输出控制按键，使用【Output】按键，将开启

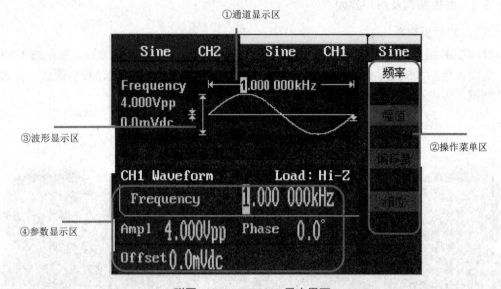

附图 1.3.2　SG1020E 用户界面

或关闭前面板的输出接口的信号输出。选择相应的通道，按下【Output】按键，该按键发光，可以输出信号。再次按【Output】按键，将停止输出信号。

（6）数字输入控制

在 SG1020E 系列的操作面板上有数字键盘、旋钮和方向键。

数字键盘，用于编辑波形时参数值的设置，直接键入数值，可改变参数值。

旋钮，用于改变波形参数中某一数值的大小，旋钮的输入范围是 0~9，旋钮顺时针旋转一格，数值增加 1。

方向键，分别用于波形参数项选择和参数数值位的选择及数字的删除。

（7）存储/辅助系统/帮助设置

SG1020E 系列面板下方有 3 个按键，分别为存储/辅助系统/帮助设置功能按键。

【Store/Recall】按键，用于存储、调出波形数据和配置信息。

【Utility】按键，用于对辅助系统功能进行设置，包括频率计、输出设置、接口设置、系统设置、仪器自检和版本信息的读取等。

【Help】按键，用于调出嵌入的帮助信息列表，有助于深入了解各功能按键的定义。

附 1.3.2　应用实例

本节主要介绍输出正弦波应用实例，目的是方便用户能快速掌握和运用 SG1020E 系列函数/任意波形发生器。

SG1020E 双路数字信号发生器开机后默认的是频率为 1.00 kHz、幅值为 4.00 Vpp、偏移量为 0 Vdc、初始相位为 0º 的正弦波。

调节 SG1020E 双路数字信号发生器，使其产生一个频率为 1.5 kHz、幅值为 10 mVrms、偏移量为 0 Vdc 的正弦波。操作步骤如下：

① 波形选择：按下波形选择按键中的正弦波按键，此时输出波形为正弦波。

② 通道选择：通过通道选择键选择 CH1 或 CH2 通道（本例中选择 CH1 通道），其操作方法如附图 1.3.3。

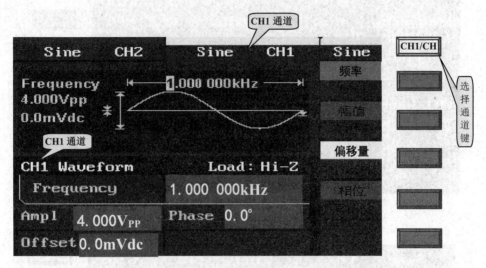

附图 1.3.3 通道选择

③ 设置信号频率：首先通过软菜单键（频率/周期）激活频率菜单（被激活的菜单背景为白色）。具体操作方法见附图 1.3.4。

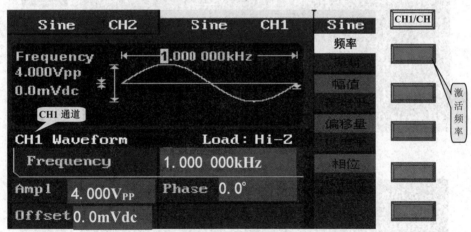

附图 1.3.4 激活频率

在数字键盘输入 1.5，此时软菜单变成了频率的单位（MHz，kHz，Hz，μHz）。通过软菜单键选择频率的单位 kHz，此时产生波形的频率设置已完成，如附图 1.3.5 所示。

④ 设置信号电压：首先通过软菜单键（幅值/高电平）激活幅值菜单（被激活的菜单背景为白色）。具体操作方法见附图 1.3.6。

在数字键盘输入 10，此时软菜单变成了电压的单位（Vpp 伏峰-峰值、mVpp 毫伏峰-峰值、Vrms 伏有效值、mVrms 毫伏有效值）。通过软菜单键选择电压的单位 mVrms，此时输出波形的电压设置已完成，如附图 1.3.7 所示。

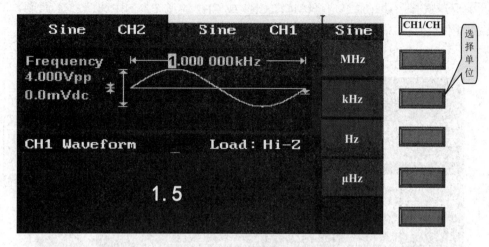

附图 1.3.5　设置频率参数

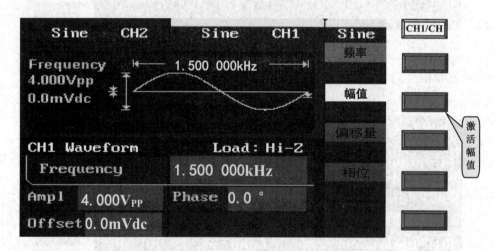

附图 1.3.6　激活幅值

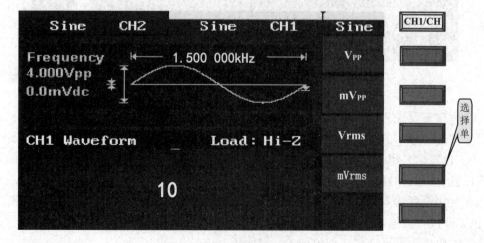

附图 1.3.7　设置输出电压参数

⑤ 设置偏移量：【Sine】→偏移量/低电平→偏移量，使用数字键盘输入"0"→选择单位"Vdc"→0Vdc。

此时，双路数字信号发生器 CH1 通道产生的是：频率为 1.5 kHz、幅值为 10 mVrms、偏移量为 0 Vdc 的正弦波。其界面如附图 1.3.8 所示。

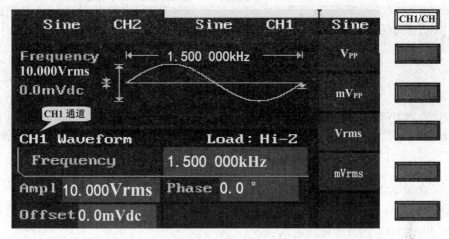

附图 1.3.8　输出 1.5 kHz、10 mVrms 正弦波

附 1.4　电工电子技术实验装置

SYLG-1 型电工电子技术实验装置为三相五线制配电，该实验装置由主控制屏及各种模块箱组成。它可以完成直流电路实验、交流电路实验、电动机控制实验、PLC 控制实验、模拟电子技术实验和数字电子技术实验等工作。SYLG-1 型电工电子技术实验装置如附图 1.4.1 所示。

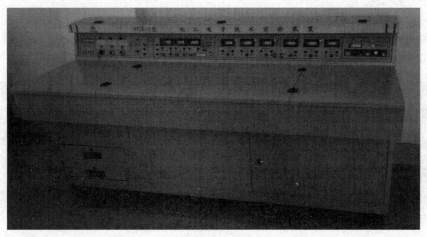

附图 1.4.1　SYLG-1 型电工电子技术实验装置

（1）管理模块和交流电源部分

管理模块部分如附图 1.4.2 左边单元所示，它由功能按键、状态指示灯和显示屏构成。交流电源部分如附图 1.4.2 右边单元所示，它由钥匙开关、启动按钮、停止按钮、电源电压指示表、短路保护器、熔断器状态指示、故障报警及复位电路、电网电压输出端（380 V）和可调电压输出端（0~450 V）等部分组成。

附图 1.4.2　SYLG-1 管理模块和交流电源部分

（2）直流电源部分

直流电源部分如附图 1.4.3 所示。该部分由两路 0~30 V 最大输出电流为 1 A 的直流电压源和 1 路 0~500 mA 的直流电流源组成。

附图 1.4.3　直流电源部分

（3）测量仪表

测量仪表部分由电流表和电压表组成。

电流表如附图 1.4.4 所示。由 3 块 0.8 mA~2 A 的直流电流表（a）和 3 块 0~2 A 的交流电流表（b）组成。

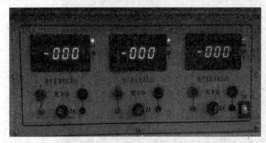
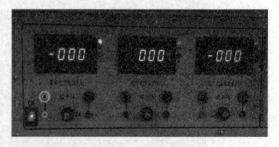

（a）直流电流表　　　　　　　　　　　　（b）交流电流表

附图 1.4.4　测量仪表

电压表是 1 块 0~300 V 的数字交流电压表，如附图 1.4.5 所示。

附图 1.4.5　数字交流电压表

（4）实验箱

本装置由电工技术实验箱、电子技术实验箱、三相电路实验箱、继电控制实验箱、PLC实验箱和元件箱来完成不同的实验内容。

①　电工技术实验箱如附图 1.4.6 所示。该实验箱可完成直流电路实验和日光灯电路实验。

②　电子技术实验箱如附图 1.4.7 所示。该实验箱由 ±5 V 和 ±12 V 直流电源、常用模拟电路单元、常用数字电路单元、脉冲产生、电平开关及显示、电平指示、译码驱动及显示单元、常用元器件等单元电路组成，可完成模拟电子技术实验和数字电子技术实验，以及课程设计和课程实习实训。

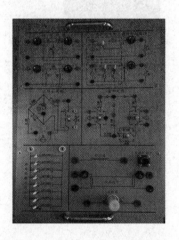

附图 1.4.6　电工技术实验箱　　　　**附图 1.4.7　电子技术实验箱**

③　三相电路实验箱如附图 1.4.8 所示。该实验箱可完成三相交流电路中负载是星型和三角形接法时，电路特性和各参数之间关系研究的实验。

④　继电控制实验箱如附图 1.4.9 所示。该实验箱可完成三相交流电动机启停控制、正反转控制、两台三相交流电动机按先后顺序启动与停止的控制和两台三相交流电动机的定时控制等实验。

附图 1.4.8　三相电路实验箱　　　　　附图 1.4.9　继电控制实验箱

⑤ PLC 实验箱如附图 1.4.10 所示。该实验箱采用西门子 S200 可编程序控制器,可完成各种 PLC 控制实验。

⑥ 元件箱如附图 1.4.11 所示。该实验箱由常用线性和非线性电阻、电容、电感和可调电阻箱构成。

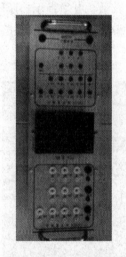 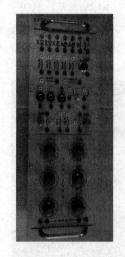

附图 1.4.10　PLC 实验箱　　　　　　附图 1.4.11　元件箱

附录2　常用元器件的基础知识

附2.1　电阻

电阻器的标称值是指在电阻元件上标注的电阻值。电阻的标称值范围很广,从零点几欧姆到几十兆欧姆。电阻的标称值系列为附表2.1.1所列数值乘以10^n(n为正整数、零或负整数)。

附表2.1.1　　　　　　　　　　电阻的标称值系列

偏差	电阻的标称值
±5%	1.0, 1.1, 1.2, 1.3, 1.5, 1.6, 1.8, 2.0, 2.2, 2.4, 2.7, 3.0, 3.3, 3.6, 3.9, 4.3, 5.1, 5.6, 6.2, 6.8, 7.5, 8.2, 9.1
±10%	1.0, 1.2, 1.5, 1.8, 2.2, 2.7, 3.3, 3.9, 4.7, 5.6, 6.8, 8.2
±20%	1.0, 1.5, 2.2, 3.3, 4.7, 6.8

电阻器的标称值和实测值之间允许的最大偏差范围叫作电阻器的容许误差。通常,电阻器的容许误差分为六级,一般都标注在电阻的外表面上,如附表2.1.2所示。

附表2.1.2　　　　　　　　　固定电阻的容许误差

级　别		0.05	0.1	0.2	I	II	III
容许误差/%		±0.5	±1	±2	±5	±10	±20

电阻的色环标注法是用不同的颜色环标注在电阻元件上,表示电阻器的标称值和容许误差的方法。常见的色环法有四环和五环两种,四环一般用于普通电阻的标注,五环一般用于精密电阻的标注。其颜色环的构成及意义如附表2.1.3和附表2.1.4所示。

附表 2.1.3　　　　　　　　　　　　色环阻速查表(四环)　　　　　　　　单位:Ω

色环位置	黑	棕	红	橙	黄	绿	蓝	紫	灰	白	金	银	无色
第一环数字	0	1	2	3	4	5	6	7	8	9	—	—	—
第二环数字	0	1	2	3	4	5	6	7	8	9	—	—	—
第三环倍率	$\times 10^0$	$\times 10^1$	$\times 10^2$	$\times 10^3$	$\times 10^4$	$\times 10^5$	$\times 10^6$	$\times 10^7$	$\times 10^8$	$\times 10^9$	$\times 10^{-1}$	—	—
第四环误差/%	—	±1	±2	—	—	±0.5	±0.2	±0.1	±0.05	+5~ -20	±5	±10	±20

附表 2.1.4　　　　　　色环阻速查表（五环）　　　　　　单位：Ω

色环位置	黑	棕	红	橙	黄	绿	蓝	紫	灰	白	金	银	无色
第一环数字	0	1	2	3	4	5	6	7	8	9	—	—	—
第二环数字	0	1	2	3	4	5	6	7	8	9	—	—	—
第三环数字	0	1	2	3	4	5	6	7	8	9	—	—	—
第四环倍率	$\times10^0$	$\times10^1$	$\times10^2$	$\times10^3$	$\times10^4$	$\times10^5$	$\times10^6$	$\times10^7$	$\times10^8$	$\times10^9$	$\times10^{-1}$	$\times10^{-2}$	—
第五环误差/%	—	±1	±2	—	—	±0.5	±0.2	±0.1	±0.05	+5～−20	±5	±10	±20

附2.2　电容

电容的单位是皮法（pF）、微法（μF）和法拉（F），其换算关系为$1\,pF=10^{-6}\,μF=10^{-12}\,F$。不同类型的电容器有不同的标称系列，但其允许误差分为八级，如附表2.2.1所示。

附表2.2.1　　　　　　固定电容器允许误差

级　别	01	02	I	II	III	IV	V	VI
允许误差/%	±1	±2	±5	±10	±20	+20 −10	+20 −50	+30 −50

电容器标称容量和允许误差标注在电容元件上，其标注方法如下。

① 直标法。是将标称容量及允许误差值直接标注在电容器上。用直标法标注的容量有时不标注单位，其识别方法是：凡容量大于1的无极电容，其容量单位为pF；容量小于1的电容，其容量单位为μF；凡有极性的电容，其容量单位为μF。例如，4700表示容量为4700 pF，0.01表示容量为0.01 μF，电解电容上的10表示容量为10 μF。

② 文字符号法。是将容量的整数部分标注在容量单位符号前面，容量的小数部分标注在单位标志符号的后面，容量单位符号所占的位置就是小数点的位置。例如，3n3表示容量为3.3 nF（3300 pF）。若在数字前面标注R，则容量为零点几微法。例如，R47表示容量为0.47 μF。

③ 数码表示法。是用三位数字表示电容容量的大小。其中，前两位数字是电容器的标称容量的有效数字，第三位数字表示有效值数字后面零的个数，单位为pF。例如：102是表示电容的容量为10×10^2 pF。当第三位数字为9时，有效数字应乘以上10^{-1}。例如，229表示容量为22×10^{-1} pF（直标法与数码表示法的区别是：直标法第三位一般是0，而数码表示法第三位则不是0）。

④ 色标法。电容器色标法的原则与电阻相同，颜色意义也与电阻基本相同，其容量单位为pF。当电容器的引线同向时，色环电容的识别顺序是从上到下。

附2.3 电感

电感器是用导线（单股线或多股线）绕在线圈骨架上制成的，对于直流电，它的阻值很小，可以忽略；而在交流电中，它阻碍交流电流的变化。因此，电感在电路中的作用是通直流阻交流。

电感通常用字母L来表示，单位是亨利，简称"亨"，用"H"表示，单位还有毫亨(mH)、微亨（μH）。它们之间的关系是：1亨(H)=10^3毫亨(mH)=10^6微亨(μH)。

电感线圈对交流电流起阻碍作用的大小，称为感抗（X_L），单位是欧姆（Ω）。它与电感L和交流频率（f）的关系为：$X_L=2\pi fL$。

电感的识别与电阻、电容的识别方法基本相同，分为三种：直标法、色标法、数码法。

直标法：将电感的主要参数直接标注在电感外壳上，包括电感量、误差等级、最大直流工作电流等。

色标法：它的标注方法与电容的色环标注法相同，颜色与数字的对应关系和电阻的色环标注法相同。单位是微亨(μH)。例如：一个电感的色环标示为黄紫金银的四道色环，则它的电感标称值是47×10^{-1}μH=4.7μH，±10%的允许误差。

数码法：此标注法与电容的数码表示法相同。单位是μH。例如：222表示2200μH；100表示10μH；R68表示0.68μH。

附图2.3.1所示为几种常用的电感线圈和变压器的符号。

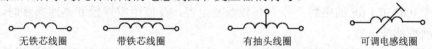

| 无铁芯线圈 | 带铁芯线圈 | 有抽头线圈 | 可调电感线圈 |

附图2.3.1 几种常用的电感线圈和变压器符号

附2.4 集成电路

常用的数字集成电路有 TTL 和 CMOS 两种。

TTL 集成电路是国际上通用的标准电路，有 54 和 74 两个系列，54/74 系列器件都采用单一的 5 V 供电。54 系列的 TTL 电路和 74 系列的 TTL 电路具有完全相同的电路结构和电气参数，二者的差别仅是工作温度范围和电源电压范围不同。54 系列的工作温度范围为 −55~+125 ℃，电源电压范围为（5±10%）V 。74 系列的工作温度范围为 0~70 ℃，电源电压范围为（5±5%）V 。

TTL74 系列集成电路产品有 74××（标准型）、74LS××（低功耗肖特基型）、74S××（肖特基型）、74ALS××（先进低功耗肖特基型）、74AS××（先进肖特基型）和 74F××（高速型）。这六类产品的逻辑功能和引脚编排完全相同。

除上述 TTL 系列产品外，由于近年来 MOS 工艺技术的发展，又出现了 74 系列高速 CMOS 电路，该系列共分为 74HC××（为 CMOS 工作电平产品）、74HCT××（为 TTL

工作电平产品）和 74HCU×× （适用于无缓冲型的 CMOS 电路）三大类。

国际上通用的 CMOS 集成电路，主要有 CD4000 系列产品。电源电压范围 3~20 V；工作频率 $f_{max}=5$ MHz；驱动能力强，输出电流达 1.5 mA；噪声容限高，抗干扰能力强；可与国际上生产的同系列编号的产品互换。

（1）集成芯片引脚的判别

当使用数字集成芯片(以下简称 IC)时，必须先判断 IC 的引脚。方法是：在集成芯片上先找到有缺口或小圆圈的一端，从顶往下看，令缺口在集成片子的左侧，放置在实验板上，则左下角为引脚 1，然后沿逆时针方向，依次数出其他引脚，如附图 2.4.1 所示。

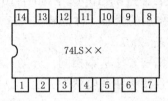

附图2.4.1　集成芯片引脚排列

（2）注意事项

① 对于 TTL IC，必须在引脚 U_{cc} （电源端）和 GND （接地端）之间加 （5±5%）V 电源电压，才能工作。对于 CMOS IC，必须在引脚 U_{SS} （负电源端）和 U_{dd} （正电源端）之间加-0.5~+20 V 范围内的电源，才能正常工作，本书中的 CMOS IC 的 U_{dd} 用+5 V 电源，U_{SS} 端接地。为避免干扰，在电源输入端接约 50 μF 的电容，用作低频滤波；每隔 5~10 个集成块应接一个 0.01~0.1 μF 的电容，作为高频滤波电容。在使用中规模和高速器件时，还应适当地增加高频滤波电容。

② 对于 TTL IC，输入端悬空，通常相当于接高电平，若在实验中遇到逻辑功能不对，可以把要求接高电平（或多余的）输入端直接接 U_{cc}，也可串入一只 1~10 kΩ 的电阻，或者接 2.4~2.5 V 的固定电压；若前级驱动能力强，则可将多余输入端并联使用。这样可以消除悬空端的干扰。对于 CMOS IC，输入端悬空，不相当于高电平，故在实验过程中，输入端不允许悬空，必须按照要求，接到 U_{dd} 或接 U_{SS}。

③ TTL IC，只能输入 0~5 V 的信号，且幅度差不超过±10%，若输入端加入比-1.2 V 更负的电压，TTL IC 门就会被损坏。当输入端有接地电阻时，接地电阻 $R<680$ Ω 时，则输入端相当于接低电平；若接地电阻 $R>4.7$ kΩ 时，则输入端相当于接高电平。对于 CMOS IC，U_i 的高电平 $U_{ih}<U_{dd}$；U_i 的低电平 U_{il} 小于电路系统允许的低电平，否则会造成电路的逻辑功能不正常。

④ 接通电源后，如果发现 IC 发热，可能电源接反了，或者输出端对地短路，或者电源电压太高，应立即断开电源检查。

⑤ TTL IC 的输出端不能直接接电源或地，也不能直接连在一起(即不能线与)，而 OC 门(集电极开路与非门)可以。CMOS IC 输出端也不允许直接接 U_{dd} 或 U_{SS}。

⑥ 实验时，要细心操作，避免损坏 IC 片；拔出 IC 片时，要用拔块器或镊子；电路的布线要工整，连接线要合理；并且线路连接好以后，应请教师检查，经教师允许后，可以通电测试。

附2.5　常用集成电路引脚及其功能

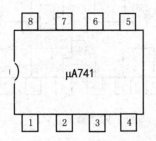

引脚	功　能	引脚	功　能
1	调零端	5	调零端
2	反相输入端	6	输出端
3	同相输入端	7	正电源端
4	负电源端	8	悬空

集成运算放大器µA741引脚排列及其功能

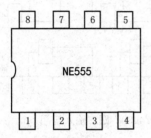

引脚	功　能	引脚	功　能
1	接地端	5	电压控制端
2	低电平触发端	6	高电平触发端
3	输出端	7	放电端
4	复位端	8	电源端

NE555引脚排列及其功能

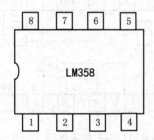

引脚	功　能	引脚	功　能
1	1输出端	5	2同相输入端
2	1反相输入端	6	2反相输入端
3	1同相输入端	7	2输出端
4	接地端	8	电源端

LM358低功耗双集成运算放大器引脚排列及其功能

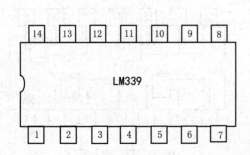

引脚	功　能	引脚	功　能
1	2输出端	8	3反相输入端
2	1输出端	9	3同相输入端
3	电源端	10	4反相输入端
4	1反相输入端	11	4同相输入端
5	1同相输入端	12	接地端
6	2反相输入端	13	4输出端
7	2同相输入端	14	3输出端

LM339四电压比较器引脚排列及其功能

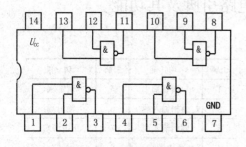

74LS00 四二输入与非门

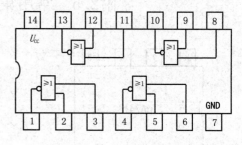

74LS02 四二输入或非门

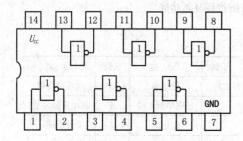

74LS04 六反相器

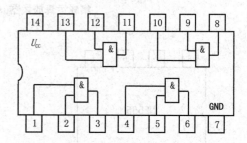

74LS08 四二输入与门

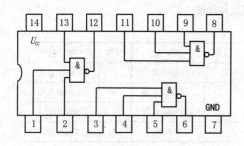

74LS10 三三输入与非门

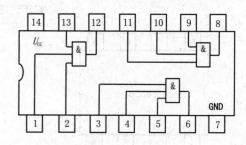

74LS11 三三输入与门

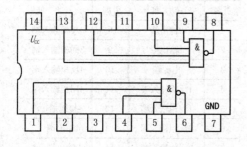

74LS20 双四输入与非门

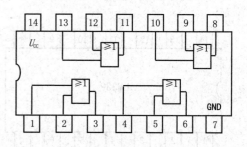

74LS32 四二输入或门

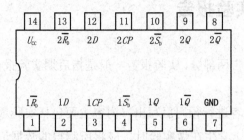

74LS74　双上升沿D触发器（有预置、清零）

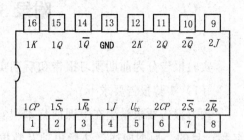

74LS76　双下降沿JK触发器（有预置、清零）

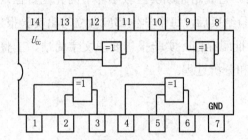

74LS86　四二输入异或门

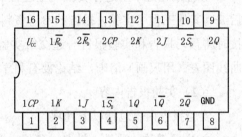

74LS112　双下降沿JK触发器（有预置、清零）

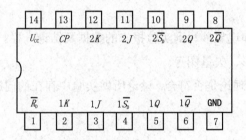

74LS114　双主从JK触发器

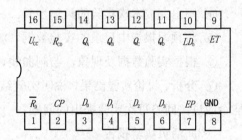

74LS160　十进制同步加法计数器

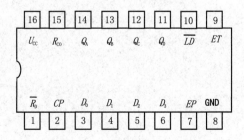

74LS161　4位二进制同步加法计数器

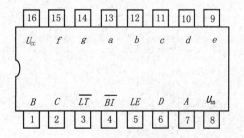

CD4511　BCD-7段译码器(高电平输出)

附录3 实验报告

实验报告分为前期预习报告和后期实验报告两部分，实验报告一般是指后期实验报告。

（1）实验报告要求

预习报告要求学生在上课前将本次实验内容进行预习后写出，内容主要包括实验项目名称、目的、原理概述、注意事项及数据表格。学生在做实验时，应将所测得的数据记录在预习报告的表格中，作为原始数据。

实验报告是学生进行实验的全过程的总结。它既是完成实验教学环节的凭证，也是今后编写其他工程（实验）报告的参考资料。实验结束后，每个学生都应独立写出实验报告，按时将预习报告和实验报告一起交给实验教师批阅存档。实验报告要求文字简洁、工整，曲线图表（用尺画）清晰，结论要有科学根据和分析过程。

（2）实验报告内容

实验报告内容包括以下几项。

① 实验名称、日期、姓名、班级、学号。

② 写出本次实验的目的，列出实验使用的仪器及设备的名称、型号、数量、编号等。

③ 扼要写出实验原理，画出实验原理电路图和接线图。

④ 写出完成本次实验的具体步骤。

⑤ 将预习报告中记录的实验数据、波形和现象抄写到实验报告的数据及结论一栏。

⑥ 根据实验数据及现象，绘制曲线、波形、矢量图等。

⑦ 分析、讨论实验结果，说明实验结果与理论是否符合；讨论所做实验中存在的问题，能否改进；回答每次实验提出的问题。

（3）活页实验报告

本课程要求学生完成七项实验，下面给出待完成的活页实验报告，要求学生在总结实验过程的基础上，独立撰写出实验报告。

实 验 报 告

课程名称：＿＿＿＿电工学实践教程＿＿＿＿＿

实验题目：电工仪器仪表使用及电路参数测量

班级学号：＿＿＿＿＿＿＿＿＿＿＿＿＿

姓　　名：＿＿＿＿＿＿＿＿＿＿＿＿＿

上课时间：＿＿星期＿＿＿第＿＿节＿＿

成　　绩：＿＿＿＿＿＿＿＿＿＿＿＿＿

沈 阳 理 工 大 学

20　年　　月　　日

实验内容：

实验目的：
    ① _____。
    ② _____。
    ③ _____。

实验仪器、设备：
    ① _____1个。
    ② _____1个。
    ③ _____1个。
    ④ _____1个。

实验注意事项：
_____
_____
_____
_____
_____

实验原理简述：
    ① _____是一种_____，它可以用来
测量_____、直流电压、_____等。
    ② SYLG-1 型_____配电，该实验
装置由_____及各种模块箱组成。它可以完成_____实验、_____
实验、_____实验、_____实验、_____实验和
_____实验等。
    ③ 直流电压、直流电流的测量：应将直流电压表的_____相
接、直流电压表的_____相接。测量_____时，按照电
流的_____，将_____中。

实验原理电路图：

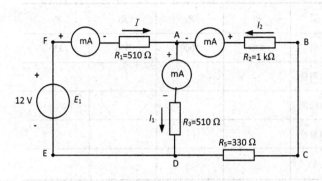

图 2.1.1　实验电路

实验步骤：

。

实验结果（数据及结论）：

表 2.1.1　　　　　　　　电阻的测量　　　　　　　单位：Ω

电　阻	R_1	R_2	R_3	R_5
标称值	510	1000	510	330
第一次测量				
第二次测量				
平均测量值				
误　差				

注：误差=平均测量值-标称值。

表 2.1.2　　　　　　　　电压与电流的测量

测量项目	电 压 测 量 值/V							电流测量值/mA		
	U_{FA}	U_{AB}	U_{BC}	U_{CD}	U_{DE}	U_{EF}	U_{AD}	I	I_1	I_2
第一次测量										
第二次测量										
平均测量值										

问题讨论：

① 用万用表测量电阻时，主要应注意什么问题？

② 用万用表测量直流电压、直流电流时，如何接入电压表或电流表？

日　期	20　年　月　日	教师签字或盖章	

实 验 报 告

课程名称：   电工学实践教程

实验题目：   基尔霍夫定律的研究

班级学号： _____

姓　　名： _____

上课时间：   星　期　　　第　　　节

成　　绩： _____

沈 阳 理 工 大 学

20　年　　月　　日

实验内容：

实验目的：

　　① _____。

　　② _____。

　　③ _____。

　　④ _____。

实验仪器、设备：

　　① _____1个。

　　② _____1个。

　　③ _____1个。

　　④ _____1个。

实验注意事项：

_____

_____

_____

_____

实验原理简述：

　　① 基尔霍夫电流定律（KCL）。在电路中，_____，所有支路的_____。也可以说，_____电流之和_____。

　　② 基尔霍夫电压定律（KVL）。在_____中，从任何一点以_____一周，所有_____。

　　③ 在电路中任选一个_____，_____电位。

④ _____选择不同，电路中各点_____也相应变化，但电路中

_____不变，_____无关。

实验原理电路图：

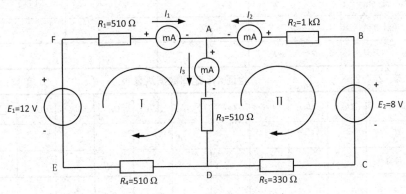

图 2.2.1　实验电路图

实验步骤：

（1）基尔霍夫电流定律（KCL）的验证

① 调节双路_____，使之_____。

② 按照图 2.2.1 及_____路，并_____，
如图 2.2.1 所示。

③ 按照设定的_____ （_____
的_____，从_____表），_____电流___，___，___，
并将测量结果记入表 2.2.1 中，_____。

（2） 基尔霍夫电压定律（KVL）的验证

① 在图 2.2.1 中，首先_____方向。

② 用万用表的_____分别测量_____，并将所测的数
据记入表 2.2.2 中，_____定律。

（3） 电位的测量

测量_____时，首先在图 2.2.1 的电路中_____，然后将
万用表的_____上，_____相接，
即可测出其他_____。将所测的数据记录在表 2.2.3 中。通过计算验证_____
_____的选择无关。

实验结果（数据及结论）：

表 2.2.1　　　　　　　　验证节点 A 的 KCL 定律数据测量表　　　　　单位：mA

测 量 项 目	I_1	I_2	I_3	$I_1+I_2-I_3=$
测 量 值				
理论计算值				
误　　差				

表 2.2.2　　　　　　　　验证 KVL 定律数据测量表　　　　　　单位：V

测量项目	U_{FA}	U_{AD}	U_{DE}	U_{EF}	$\sum U_{I}$	U_{AB}	U_{BC}	U_{CD}	U_{DA}	$\sum U_{II}$
测 量 值										
理论计算值										
误　　差										

表 2.2.3　　　　　　　　电位及电压数据表　　　　　　　　单位：V

参考点	测　　量　　值						计算值（利用测量到的电位计算电压）						
选　择	U_A	U_B	U_C	U_D	U_E	U_F	U_{AB}	U_{BC}	U_{CD}	U_{DE}	U_{EF}	U_{FA}	U_{AD}
$U_A=0$	0												
$U_D=0$				0									

结论：

问题讨论：

① 根据表 2.2.1 中的实验数据分析产生误差的主要原因是什么？

② 根据实验数据说明电位参考点由 A 改为 D 后，其余各点电位数值都发生变化吗？任意两点之间的电位差发生变化吗？为什么？

日　期	**20**　年　月　日	教师签字或盖章

实 验 报 告

课程名称：_____电工学实践教程_____

实验题目：_____叠加定理电路的研究_____

班级学号：_____

姓　　名：_____

上课时间：_____星　期　　第　　节_____

成　　绩：_____

沈 阳 理 工 大 学

20　年　　月　　日

实验内容：

实验目的：
①＿＿＿＿＿＿＿＿＿＿＿＿＿＿＿＿＿＿＿＿＿＿＿＿＿＿＿＿＿＿＿＿＿＿＿＿＿。
②＿＿＿＿＿＿＿＿＿＿＿＿＿＿＿＿＿＿＿＿＿＿＿＿＿＿＿＿＿＿＿＿＿＿＿＿＿。

实验仪器、设备：
①＿＿＿＿＿＿＿＿＿＿＿＿＿＿1个　②＿＿＿＿＿＿＿＿＿＿＿＿＿＿1个
③＿＿＿＿＿＿＿＿＿＿＿＿＿＿1个　④＿＿＿＿＿＿＿＿＿＿＿＿＿＿1个

实验注意事项：
①＿＿＿＿＿＿＿＿＿＿＿＿＿＿＿＿＿＿＿＿＿＿＿＿＿＿＿＿＿＿＿＿＿。
②＿＿＿＿＿＿＿＿＿＿＿＿＿＿＿＿＿＿＿＿＿＿＿＿＿＿＿＿＿＿＿＿＿
＿＿＿＿＿＿＿＿＿＿＿＿＿＿＿＿＿＿＿＿＿＿＿＿＿＿＿＿＿＿＿＿＿。
③＿＿＿＿＿＿＿＿＿＿＿＿＿＿＿＿＿＿＿＿＿＿＿＿＿＿＿＿＿＿＿＿＿。
④＿＿＿＿＿＿＿＿＿＿＿＿＿＿＿＿＿＿＿＿＿＿＿＿＿＿＿＿＿＿＿＿＿。

实验原理简述：
　　在＿＿＿＿＿＿＿＿＿，若存在＿＿＿＿＿＿＿＿＿＿＿＿＿＿＿＿＿＿＿，
则＿＿＿＿＿＿＿＿＿＿＿＿＿＿＿都可以看成由电路中＿＿＿＿＿＿＿＿＿＿＿
＿＿＿＿＿＿＿＿＿，在该支路产生的＿＿＿＿＿＿＿＿＿＿＿＿＿＿代数和。
　　运用叠加定理时，应注意以下两点：
　　①当某个独立电源单独作用时，＿＿＿＿＿＿＿＿＿＿＿＿＿＿＿＿。这里所说
的＿＿＿＿＿＿＿＿＿＿？对于理想电压源，＿＿＿＿＿＿＿＿＿＿＿＿＿＿＿＿，
或者说＿＿＿＿＿＿＿＿＿＿＿＿＿，这就需要＿＿＿＿＿＿＿＿＿＿＿＿＿＿＿，
并且把＿＿＿＿＿＿＿＿＿＿＿＿＿起来；对于理想电流源，＿＿＿＿＿＿＿＿
＿＿＿＿＿＿＿＿＿＿＿＿＿，因此，应将该＿＿＿＿＿＿＿＿＿＿＿＿＿＿＿代
替。至于＿＿＿＿＿＿＿＿，当它们不作用时，＿＿＿＿＿＿＿＿＿＿＿＿＿＿＿
＿＿＿＿＿＿＿以＿＿＿＿＿＿＿＿＿、＿＿＿＿＿＿＿＿＿以＿＿＿＿＿＿＿外，它们
的＿＿＿＿＿＿＿＿＿＿＿＿＿＿＿＿＿＿＿＿，不要把＿＿＿＿＿也同样
＿＿＿＿＿＿掉。
　　② 测量各参数时，＿＿＿＿＿＿＿＿＿＿＿＿＿＿＿＿＿＿＿；求代数和时，
要＿＿＿＿＿＿＿＿＿＿＿＿＿＿＿＿＿。

实验原理电路图：

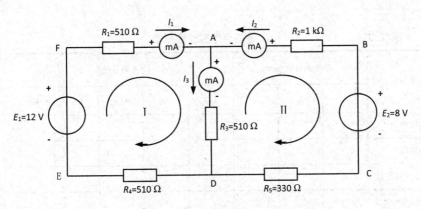

图 2.3.1　叠加定理验证电路

实验步骤：

① 调节双路_____，_____

_____。

② 按照图 2.3.1_____，并设定_____

_____，如图 2.3.1 所示。

③ 测量_____单独作用时，各_____

(_____)，并将测量结果记入表 2.3.1 中。

④ 测量_____单独作用时，各_____，

并将测量结果记入在表 2.3.1 中。

⑤ 测量_____

_____，将测量结果记入表 2.3.1。

⑥ 验证_____。

实验结果（数据及结论）：

表 2.3.1   叠加定理实验数据表

测量项目	电流测量值/mA			电压测量值/V				
	I_1	I_2	I_3	U_{FA}	U_{AD}	U_{DE}	U_{AB}	U_{CD}
E_1 单独作用								
E_2 单独作用								
E_1, E_2 共同作用								
叠加结果								

注：叠加结果=E_1 单独作用的数据+E_2 单独作用的数据。

结论：

问题讨论：

① 为什么叠加定理只适用于线性电路？若将实验中的 R_5 换成非线性电阻，那么实验结果是否符合叠加原理？

② 在叠加定理实验中，应如何处理不作用的理想电压源和不作用的理想电流源？

日 期	20 年 月 日	教师签字或盖章	

实 验 报 告

课程名称： <u>电工学实践教程</u>

实验题目： <u>功率因数的研究</u>

班级学号： <u>　　　　　　　　　　</u>

姓　　名： <u>　　　　　　　　　　</u>

上课时间： <u>星　期　　　第　　节</u>

成　　绩： <u>　　　　　　　　　　</u>

沈 阳 理 工 大 学

20 　年　 　月　 　日

实验内容：

实验目的：

① _____

_____。

② _____

_____。

实验仪器、设备：

① _____ 1组。

② _____ 1个。

③ _____ 1个。

④ _____ 1个。

实验注意事项：

_____

_____

_____

_____

实验原理简述：

当感性负载并入电容前，负载电流中含有_____，并联_____就是为了取得_____电流去_____电流，使_____直接交换，不再经过_____。因此，改变_____的容量大小就能_____，从而使_____得到提高。

在图 2.5.1 中，感性负载_____前的总_____为 I，_____为 φ₁，并联电容后_____为 I₂，并入_____为 I′，_____为 φ₂。从图中可以看出_____，因此，并入_____后，整个电路的_____提高。但电感支路的_____、_____和_____是不变的，与是否并入_____无关。

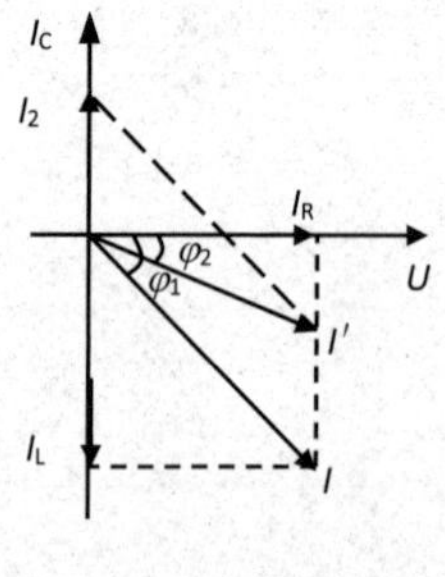

图 2.5.1 功率因数提高

实验原理电路图：

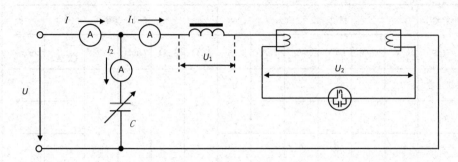

图 2.5.2　日光灯实验电路

实验步骤：

① 在接线以前，先用_____。

记入表 2.5.1 中。

② 按照图 2.5.2 接线，不接_____，并使_____

_____。观察_____过程。

③ 测量_____，电路_____

_____，将_____中，

并_____。

④ 测量并联_____时，电路对应的_____

_____，将_____中，

并_____。

实验结果（数据及结论）：

表 2.5.1　　　　　　　　　　　　　　　日光灯电路参数测量

顺序	电容量 $C/\mu F$	测 量 值						计 算 值					
		U/V	U_1/V	U_2/V	I/A	I_1/A	I_2/A	R_L/Ω	X_L/Ω	L/mH	P/W	$S/$ （V·A）	$\cos\varphi$
1	不接电容						0						
2	1												
3	2												
4	3												
5	4												
6	5												
7	6												
8	7												

注：计算时 U，U_1，U_2 和 I_1 用平均值。

结论：

问题讨论：

① 简述提高功率因数的意义。

② 根据实验数据画出向量图，分析功率因数是怎样得到提高的？所并联电容的容量是否越大越好？

日　期	**20　年　月　日**	**教师签字或盖章**	

实 验 报 告

课程名称：　　电工学实践教程

实验题目：　　三极管放大电路的研究

班级学号：

姓　　名：

上课时间：　　星　期　　　　第　　　节

成　　绩：

沈 阳 理 工 大 学

20 　 年 　 月 　 日

实验内容：

实验目的：
① _____。
② _____
　_____。
③ _____
　_____。

实验仪器、设备：
① _____1台
② _____1台
③ _____1个
④ _____1个
⑤ _____1个

实验注意事项：
① _____。
② _____
　_____。

实验原理简述：
　共发射极_____决定，其中
_____
　改变____的大小，可获得相应的_____。若____偏小，_____
_____失真；若_____偏大，_____失真。
　当_____时，放大电路的_____
_____；
　当_____时，放大电路的_____
_____。

实验原理电路图：

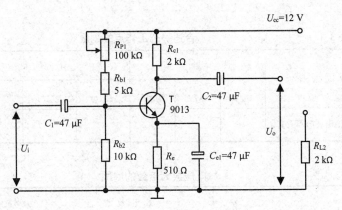

图 3.1.1 共发射极基本放大电路

实验步骤：

（1）合适静态工作点的调节与测量

按照图 3.1.1 连接电路，在不接_____时，调节_____，使_____。

用_____值，并计算 I_c 值[_____]，将

数据记录于表 3.1.1 中。

（2）电压放大倍数的测量

调节数字信号发生器，_____，具体方法如下。

① 打开_____，在_____"～"按

键，并利用_____通道。

② 信号频率设置。_____菜单，

在_____，再选择_____所对应的_____。

③ 信号电压设置。_____菜单，在数字键上输

入____，再_____键。

④ 将输出接口 CH1 上方的_____按下。

⑤ 将_____的_____加

到_____。按照表 3.1.2 要求操作，并将实验数据记录于表 3.1.2 中。

⑥ 根据测量数据_____。

实验结果（数据及结论）：

表 3.1.1   合适静态工作点的测量

测 试 条 件	测 量 值			计 算 值		
	U_b/V	U_c/V	U_e/V	U_{be}/V	U_{ce}/V	I_c/mA
R_{P1} 合适输出波形不失真						

表 3.1.2   电压放大倍数的测试

测 量 条 件		测 量 数 据		由测量值计算
		U_i/mV	U_o/V	$A_u=U_o/U_i$
负载开路	不接旁路电容 C_{e1}			
	接入旁路电容 C_{e1}			
负载接入 R_{L2}	接入旁路电容 C_{e1}			

结论：

问题讨论：

① 根据实验数据说明 C_{e1} 和 R_L 对放大器的 U_i 和 U_o 有什么影响？

② 如果放大器中三极管的 $U_{be}=-1\,V$，问放大器处于什么工作状态？

③ 在使用函数信号发生器时，主要应注意什么问题？

日 期	**20** 年 月 日	教师签字或盖章	

实 验 报 告

课程名称： <u>电工学实践教程</u>

实验题目： <u>集成门电路的性能研究</u>

班级学号： <u> </u>

姓　　名： <u> </u>

上课时间： <u>星　期　　　第　　　节</u>

成　　绩： <u> </u>

沈 阳 理 工 大 学

20　年　月　日

实验内容：

实验目的：
① _____。
② _____。
③ _____。

实验仪器材：
① _____ 1 个　　　　② TTL 与非门（　　　　）　1 片
③ TTL 或非门 （　　　　） 1 片　　④ TTL 非门 （　　　　）　1 片
⑤ TTL 与门 （　　　　） 1 片　　⑥ TTL 与非门（　　　　）　1 片
⑦ _____ 1 个

实验注意事项：
① _____。
② _____。
③ _____。
④ _____。
⑤ _____。

实验原理简述：
　　当_____，事件才会发生，这样的_____称为_____，其表达式为_____。
　　当_____具备时，事件就会发生，这样的_____称为_____，其表达式为_____。
　　当_____，当条件具备时，_____；_____，事件就会发生，这样的_____称为_____，其表达式为_____。
　　用与非门构成或门的推导过程如下：

_____

实验原理电路图： 画出用与非门构成或门的逻辑电路图。

实验步骤：

（1）TTL 门电路逻辑功能测试

① _____。任选_____中的一个_____，按照图 3.4.1 连接电路，按照表 3.4.1 的要求，改变输入端_____，记录实验数据。根据数据，写出输出_____，判定其_____。

② _____。任选_____，按照图 3.4.2 连接电路，按照表 3.4.2 操作，_____ _____输出_____，判定其_____。

③ _____。任选_____，按照图 3.4.3 连接电路。_____。根据实验数据，写出输出的_____，判定其_____。

④ _____。任选_____，按照_____，并将测量结果记入表 3.4.4 中。根据实验数据，写出输出的_____，判定其_____。

⑤ _____。任选_____，按照图 3.4.5 连接电路，首先_____。根据实验数据，写出_____ _____；然后_____。根据实验数据，写出输出的_____；最后_____。根据实验数据，写出输出的_____。根据_____写出其实验_____。

（2）设计一个用与非门构成或门的逻辑电路

要求：写出_____及推导过程，根据_____，验证其_____，并将验证结果记录在自己设计的表 3.4.8 中。

实验结果（数据及结论）：

表 3.4.1 与门功能测试

输	入	输出 Y
A	B	电平状态
0	0	
0	1	
1	0	
1	1	

表 3.4.2 与非门功能测试

输	入	输出 Y
A	B	电平状态
0	0	
0	1	
1	0	
1	1	

表 3.4.3 非门功能测试

输 入	输出 Y
A	电平状态
0	
1	

表 3.4.4 或非门功能测试

输	入	输出 Y
A	B	电平状态
0	0	
0	1	
1	0	
1	1	

表 3.4.5 多输入与非门功能测试

输		入	输出 Y
A	B	C	电平状态
0	1	1	
1	1	1	

表 3.4.6 多输入与非门功能测试

输		入	输出 Y
A	B	C	电平状态
0	0	1	
0	1	1	
1	0	1	
1	1	1	

表 3.4.7 多输入与非门功能测试

输		入	输出 Y
A	B	C	电平状态
0	0	0	
0	0	1	
0	1	0	
0	1	1	
1	0	0	
1	0	1	
1	1	0	
1	1	1	

表 3.4.8 与非门构成或门功能测试

输	入	输出 Y
A	B	电平状态
0	0	
0	1	
1	0	
1	1	

结论：

问题讨论：

① 与非门多余端应如何处理？或门多余端应如何处理？

② 用与非门组成逻辑电路，实现下列逻辑功能。写出变换表达式。

$X = A \cdot B$； $X = AB + CD$。

日　期	20　年　月　日	教师签字或盖章	

实 验 报 告

课程名称： <u>电工学实践教程</u>

实验题目： <u>　　　　　　　　　</u>

班级学号： <u>　　　　　　　　　</u>

姓　　名： <u>　　　　　　　　　</u>

上课时间： <u>星　期　　　第　　节</u>

成　　绩： <u>　　　　　　　　　</u>

沈 阳 理 工 大 学

20　年　　月　　日

实验内容：

实验目的：

_____

_____

_____

_____

实验仪器、设备：

① _____

② _____

③ _____

④ _____

实验注意事项：

_____

_____

_____

_____

实验原理简述：

_____

_____

_____

_____

_____

_____

_____

实验原理电路图：

实验步骤：

实验结果（数据及结论）：

结论：

问题讨论：

日 期	20 年 月 日	教师签字或盖章	